I0480721

TABLE OF CONTENTS

SECTIOIN

1

Multiplication Facts

10 worksheets
20 problems per sheet

Multiplication facts

Multiply

15	5	3	7	10
x2	x1	x2	x3	x2

5	6	9	8	1
x2	x5	x2	x9	x2

15	13	11	12	7
x1	x0	x3	x2	x2

4	2	0	5	7
x2	x2	x2	x9	x0

Multiply

12	4	3	9	1
x2	x3	x2	x3	x2

6	16	9	7	2
x2	x5	x0	x9	x2

4	13	9	12	7
x1	x1	x3	x2	x5

8	3	1	5	7
x2	x2	x2	x9	x7

Multiplication facts

Multiply

12	4	3	9	8
x3	x1	x8	x5	x2

12	17	9	3	2
x2	x5	x1	x9	x9

4	19	9	12	7
x5	x1	x3	x2	x5

8	3	7	5	0
x8	x5	x2	x6	x7

Multiplication facts

Multiply

3 x3	4 x0	5 x8	7 x5	5 x2
14 x2	18 x5	8 x1	9 x9	2 x0
14 x5	19 x1	10 x3	12 x3	3 x5
7 x8	4 x5	7 x5	8 x6	0 x0

Multiply

8 x3	4 x4	5 x5	7 x4	5 x9
6 x6	18 x5	1 x8	1 x9	2 x0
14 x0	13 x1	0 x3	12 x9	13 x5
7 x6	4 x9	7 x2	5 x6	2 x0

Multiply

18 x3	14 x4	15 x5	7 x3	1 x9
6 x6	18 x5	5 x8	3 x9	2 x1
14 x8	13 x5	8 x3	12 x4	13 x3
7 x5	7 x9	17 x2	15 x6	7 x0

Multiplication facts

Multiply

10 x11	14 x4	12 x11	7 x3	11 x9
6 x4	18 x2	15 x8	9 x9	12 x1
14 x7	13 x1	8 x5	12 x7	13 x0
17 x5	7 x9	17 x2	15 x6	7 x0

Multiply

10	15	13	7	12
x12	x4	x11	x3	x9

6	18	15	9	12
x2	x4	x3	x7	x7

14	13	8	12	13
x3	x13	x8	x6	x8

17	7	17	15	17
x9	x9	x3	x2	x0

Multiply

11 x12	11 x4	13 x12	7 x4	12 x5
6 x7	18 x0	15 x0	3 x7	12 x1
14 x6	13 x10	8 x5	12 x4	13 x3
17 x4	7 x1	17 x1	15 x0	17 x5

Multiply

11	11	13	10	12
x14	x4	x11	x4	x8

16	14	15	13	12
x7	x3	x3	x7	x8

14	13	8	12	13
x6	x10	x5	x4	x13

15	5	19	15	17
x4	x1	x1	x0	x5

2

Find the Missing Multipliers
(Multiplication facts)

13 worksheets
20 problems per sheet

Find the Missing Multipliers

Multiply

3 x .... = 21

12 x .... = 60

6 x .... = 48

4 x .... = 36

9 x .... = 81

11 x .... = 77

5 x .... = 75

9 x .... = 54

1 x .... = 15

10 x .... = 90

4 x .... = 24

3 x .... = 24

2 x .... = 40

13 x .... = 104

7 x .... = 35

1 x .... = 19

0 x .... = 0

5 x .... = 45

8 x .... = 56

7 x .... = 84

Find the Missing Multipliers

Multiply

7 x .... = 21

5 x .... = 60

8 x .... = 48

9 x .... = 36

9 x .... = 81

7 x .... = 77

5 x .... = 75

6 x .... = 54

1 x .... = 15

9 x .... = 90

6 x .... = 24

8 x .... = 24

4 x .... = 40

8 x .... = 104

5 x .... = 35

1 x .... = 19

0 x .... = 0

9 x .... = 45

7 x .... = 56

8 x .... = 56

Multiply

2 x .... = 12	7 x .... = 63
7 x .... = 42	9 x .... = 54
6 x .... = 36	8 x .... = 72
5 x .... = 30	6 x .... = 48
2 x .... = 14	9 x .... =81
2 x .... = 24	8 x .... = 64
9 x .... = 27	3 x .... = 27
9 x .... = 54	4 x .... = 28
8 x .... = 0	8 x .... = 32
8 x .... = 64	6 x .... = 24

Multiply

12 x .... = 120

12 x .... = 96

8 x .... = 96

9 x .... = 108

5 x .... = 60

12 x .... = 144

11 x .... = 77

13 x .... = 182

3 x .... = 15

9 x .... = 117

2 x .... = 24

8 x .... = 120

7 x .... = 140

8 x .... = 104

5 x .... = 60

10 x .... = 111

10 x .... = 0

9 x .... = 45

5 x .... = 50

8 x .... = 56

Multiply

8 x .... = 40

12 x .... = 96

2 x .... = 6

9 x .... = 108

4 x .... = 8

12 x .... = 48

8 x .... = 88

13 x .... = 182

3 x .... = 57

9 x .... = 117

2 x .... = 24

8 x .... = 120

7 x .... = 140

8 x .... = 104

5 x .... = 60

10 x .... = 110

10 x .... = 0

9 x .... = 45

5 x .... = 50

8 x .... = 56

Multiply

13 x .... = 156

12 x .... = 96

2 x .... = 24

9 x .... = 45

14 x .... = 42

12 x .... = 144

12 x .... = 108

14 x .... = 182

6 x .... = 90

9 x .... = 117

2 x .... = 24

8 x .... = 40

7 x .... = 140

8 x .... = 104

5 x .... = 60

10 x .... = 120

10 x .... = 0

9 x .... = 99

5 x .... = 50

8 x .... = 88

Find the Missing Multipliers

Multiply

2 x .... = 0

11 x .... = 121

3 x .... = 33

9 x .... = 45

11 x .... = 55

7 x .... = 42

7 x .... = 49

3 x .... = 57

11 x .... =88

7 x .... = 35

12 x .... = 132

4 x .... = 40

4 x .... = 12

12 x .... = 48

4 x .... = 20

9 x .... = 18

8 x .... = 40

12 x .... = 12

4 x .... = 36

9 x .... = 99

Find the Missing Multipliers

Multiply

3 x .... = 12	11 x .... = 22
6 x .... = 30	5 x .... = 45
11 x .... = 99	4 x .... = 28
7 x .... = 49	8 x .... = 96
11 x .... =121	5 x .... = 35
8x .... = 64	5 x .... = 40
10 x .... = 60	11 x .... = 66
11 x .... = 11	9 x .... = 81
8 x .... = 32	2 x .... = 12
2 x .... = 16	12 x .... = 60

Multiply

2 x .... = 12

12 x .... = 144

2 x .... = 16

9 x .... = 45

6 x .... = 54

12 x .... = 144

9 x .... = 27

13 x .... = 182

3 x .... = 9

9 x .... = 117

2 x .... = 4

5 x .... = 40

5 x .... = 10

12 x .... = 48

5 x .... = 55

2 x .... = 16

12 x .... = 36

12 x .... = 108

2 x .... = 16

7 x .... = 21

Find the Missing Multipliers

Multiply

4 x .... = 24	7 x .... = 56
3 x .... = 15	3 x .... = 30
9 x .... = 27	12 x .... = 24
3 x .... = 27	10 x .... = 20
7 x .... = 21	9 x .... = 63
2 x .... = 24	4 x .... = 40
5 x .... = 55	8 x .... = 32
1 x .... = 11	2 x .... = 16
2 x .... = 36	10 x .... = 80
8 x .... = 16	7 x .... = 21

Multiply

6 x .... = 48

8 x .... = 56

7 x .... = 27

11 x .... = 44

9 x .... = 81

6 x .... = 24

11 x .... = 55

10 x .... = 60

8 x .... = 72

6 x .... = 54

8 x .... = 24

5 x .... = 40

4 x .... = 16

8 x .... = 32

11 x .... = 11

8 x .... = 48

3 x .... = 30

12 x .... = 120

12 x .... = 48

10 x .... = 0

Find the Missing Multipliers

Multiply

1 x .... = 12

8 x .... = 80

7 x .... = 27

11 x .... = 66

9 x .... = 0

6 x .... = 36

11 x .... = 99

11 x .... = 88

9 x .... = 72

6 x .... = 24

4 x .... = 24

5 x .... = 90

2 x .... = 16

8 x .... = 32

3 x .... = 12

8 x .... =32

4 x .... = 20

12 x .... = 96

2 x .... = 18

10 x .... = 90

Multiply

$11 \times .... = 22$

$4 \times .... = 80$

$2 \times .... = 22$

$11 \times .... = 44$

$6 \times .... = 18$

$15 \times .... = 0$

$11 \times .... = 44$

$8 \times .... = 80$

$9 \times .... = 99$

$7 \times .... = 28$

$4 \times .... = 40$

$10 \times .... = 50$

$2 \times .... = 20$

$8 \times .... = 117$

$4 \times .... = 28$

$4 \times .... = 20$

$4 \times .... = 20$

$12 \times .... = 220$

$9 \times .... = 18$

$20 \times .... = 100$

SECTIOIN

3

Division facts

12 worksheets
20 problems per sheet

Division facts

Division

$35 \div 5 =$ ....

$0 \div 5 =$ ....

$15 \div 3 =$ ....

$10 \div 5 =$ ....

$120 \div 5 =$ ....

$22 \div 2 =$ ....

$25 \div 5 =$ ....

$30 \div 5 =$ ....

$150 \div 10 =$ ....

$27 \div 9 =$ ....

$99 \div 11 =$ ....

$48 \div 6 =$ ....

$45 \div 9 =$ ....

$36 \div 9 =$ ....

$81 \div 9 =$ ....

$60 \div 15 =$ ....

$100 \div 20 =$ ....

$36 \div 6 =$ ....

$140 \div 70 =$ ....

$88 \div 4 =$ ....

Division facts

Division

15 ÷ 5 = ...

14 ÷ 2 = ...

30 ÷ 3 = ...

12 ÷ 3 = ...

45 ÷ 5 = ...

25 ÷ 5 = ...

24 ÷ 2 = ...

40 ÷ 5 = ...

50 ÷ 10 = ...

32 ÷ 8 = ...

90 ÷ 10 = ...

48 ÷ 3 = ...

45 ÷ 5 = ...

30 ÷ 10 = ...

72 ÷ 9 = ...

60 ÷ 15 = ...

100 ÷ 30 = ...

36 ÷ 6 = ...

18 ÷ 6 = ...

88 ÷ 4 = ...

Division

$24 \div 6 =$	$49 \div 7 =$ ....
$7 \div 1 =$	$36 \div 12 =$ ....
$60 \div 10 =$	$80 \div 10 =$ ....
$18 \div 9 =$	$99 \div 9 =$ ....
$66 \div 6 =$	$40 \div 4 =$ ....
$6 \div 3 =$	$12 \div 6 =$ ....
$48 \div 8 =$	$66 \div 6 =$ ....
$120 \div 10 =$	$22 \div 11 =$ ....
$0 \div 30 =$	$72 \div 6 =$ ....
$63 \div 7 =$	$30 \div 5 =$ ....

Division

24 ÷ 2 = ...

21 ÷ 7 = ...

5 ÷ 1 = ...

24 ÷ 12 = ...

50 ÷ 10 = ...

70 ÷ 10 = ...

16 ÷ 4 = ...

90 ÷ 9 = ...

30 ÷ 6 = ...

48 ÷ 4 = ...

8 ÷ 2 = ...

12 ÷ 3 = ...

9 ÷ 3 = ...

60 ÷ 6 = ...

20 ÷ 10 = ...

22 ÷ 11 = ...

30 ÷ 2 = ...

72 ÷ 6 = ...

63 ÷ 7 = ...

30 ÷ 5 = ...

Division

$140 \div 2 = $ ....

$42 \div 7 = $ ....

$15 \div 3 = $ ....

$84 \div 21 = $ ....

$150 \div 5 = $ ....

$84 \div 4 = $ ....

$160 \div 40 = $ ....

$168 \div 7 = $ ....

$45 \div 9 = $ ....

$66 \div 11 = $ ....

$115 \div 5 = $ ....

$99 \div 9 = $ ....

$80 \div 8 = $ ....

$160 \div 8 = $ ....

$120 \div 10 = $ ....

$72 \div 6 = $ ....

$30 \div 15 = $ ....

$45 \div 15 = $ ....

$96 \div 8 = $ ....

$15 \div 5 = $ ....

Division

$140 \div 2 =$	$42 \div 7 =$ ....
$15 \div 3 =$	$84 \div 21 =$ ....
$150 \div 5 =$	$84 \div 4 =$ ....
$160 \div 40 =$	$168 \div 7 =$ ....
$45 \div 9 =$	$66 \div 11 =$ ....
$115 \div 5 =$	$99 \div 9 =$ ....
$80 \div 8 =$	$160 \div 8 =$ ....
$120 \div 10 =$	$72 \div 6 =$ ....
$30 \div 15 =$	$45 \div 15 =$ ....
$96 \div 8 =$	$15 \div 5 =$ ....

Division

80 ÷ 4 = ...	18 ÷ 9 = ...
44 ÷ 11 = ...	28 ÷ 4 = ...
0 ÷ 15 = ...	20 ÷ 2 = ...
80 ÷ 8 = ...	99 ÷ 9 = ...
28 ÷ 7 = ...	66 ÷ 6 = ...
50 ÷ 10 = ...	44 ÷ 11 = ...
116 ÷ 4 = ...	18 ÷ 6 = ...
20 ÷ 4 = ...	22 ÷ 2 = ...
220 ÷ 10 = ...	40 ÷ 4 = ...
100 ÷ 20 = ...	50 ÷ 10 = ...

Division

80 ÷ 8 = ...

64 ÷ 8 = ...

66 ÷ 11 = ...

27 ÷ 3 = ...

36 ÷ 6 = ...

28 ÷ 4 = ...

88 ÷ 11 = ...

32 ÷ 8 = ...

24 ÷ 6 = ...

24 ÷ 6 = ...

63 ÷ 7 = ...

12 ÷ 3 = ...

54 ÷ 9 = ...

42 ÷ 7 = ...

72 ÷ 8 = ...

35 ÷ 7 = ...

48 ÷ 6 = ...

14 ÷ 2 = ...

81 ÷ 9 = ...

54 ÷ 9 = ...

Division facts

Division

56 ÷ 8 = ...

96 ÷ 12 = ...

120 ÷ 12 = ...

108 ÷ 9 = ...

96 ÷ 8 = ...

144 ÷ 12 = ...

60 ÷ 5 = ...

182 ÷ 14 = ...

77 ÷ 11 = ...

117 ÷ 9 = ...

15 ÷ 3 = ...

120 ÷ 8 = ...

24 ÷ 12 = ...

104 ÷ 8 = ...

140 ÷ 7 = ...

111 ÷ 3 = ...

60 ÷ 6 = ...

45 ÷ 9 = ...

50 ÷ 10 = ...

45 ÷ 5 = ...

Division

$7 \div 1 = $ ....

$14 \div 7 = $ ....

$35 \div 5 = $ ....

$21 \div 7 = $ ....

$4 \div 4 = $ ....

$42 \div 7 = $ ....

$16 \div 4 = $ ....

$18 \div 3 = $ ....

$12 \div 3 = $ ....

$35 \div 7 = $ ....

$9 \div 3 = $ ....

$30 \div 6 = $ ....

$5 \div 5 = $ ....

$36 \div 6 = $ ....

$42 \div 6 = $ ....

$5 \div 1 = $ ....

$14 \div 2 = $ ....

$45 \div 9 = $ ....

$21 \div 7 = $ ....

$2 \div 2 = $ ....

Division

0 ÷ 7 = ...	14 ÷ 7 = ...
35 ÷ 7 = ...	21 ÷ 3 = ...
4 ÷ 1 = ...	42 ÷ 7 = ...
16 ÷ 2 = ...	18 ÷ 2 = ...
12 ÷ 4 = ...	35 ÷ 5 = ...
9 ÷ 3 = ...	30 ÷ 6 = ...
15 ÷ 5 = ...	36 ÷ 6 = ...
42 ÷ 7 = ...	5 ÷ 1 = ...
16 ÷ 8 = ...	45 ÷ 5 = ...
21 ÷ 7 = ...	2 ÷ 1 = ...

Division

$30 \div 3 =$ ....

$63 \div 7 =$ ....

$6 \div 2 =$ ....

$77 \div 7 =$ ....

$44 \div 4 =$ ....

$20 \div 10 =$ ....

$12 \div 4 =$ ....

$80 \div 8 =$ ....

$32 \div 4 =$ ....

$3 \div 3 =$ ....

$49 \div 7 =$ ....

$48 \div 8 =$ ....

$72 \div 12 =$ ....

$28 \div 7 =$ ....

$108 \div 12 =$ ....

$36 \div 4 =$ ....

$14 \div 2 =$ ....

$9 \div 9 =$ ....

$21 \div 7 =$ ....

$18 \div 2 =$ ....

Find the missing division

12 worksheets
20 problems per sheet

Find the missing division

Fill in the blanks

$12 \div$ .... $= 3$

$88 \div$ .... $= 8$

$30 \div$ .... $= 5$

$15 \div$ .... $= 3$

$24 \div$ .... $= 4$

$44 \div$ .... $= 2$

$45 \div$ .... $= 9$

$225 \div$ .... $= 15$

$37 \div$ .... $= 37$

$144 \div$ .... $= 16$

$48 \div$ .... $= 4$

$48 \div$ .... $= 12$

$90 \div$ .... $= 10$

$112 \div$ .... $= 56$

$120 \div$ .... $= 30$

$72 \div$ .... $= 3$

$124 \div$ .... $= 31$

$99 \div$ .... $= 3$

$50 \div$ .... $= 5$

$64 \div$ .... $= 4$

Find the missing division

Fill in the blanks

$2 \div \text{.................} = 1$

$8 \div \text{.................} = 1$

$15 \div \text{.................} = 5$

$16 \div \text{.................} = 8$

$1 \div \text{.................} = 1$

$18 \div \text{.................} = 9$

$4 \div \text{.................} = 2$

$9 \div \text{.................} = 1$

$6 \div \text{.................} = 3$

$24 \div \text{.................} = 12$

$8 \div \text{.................} = 4$

$22 \div \text{.................} = 11$

$10 \div \text{.................} = 5$

$20 \div \text{.................} = 10$

$12 \div \text{.................} = 6$

$36 \div \text{.................} = 12$

$5 \div \text{.................} = 5$

$18 \div \text{.................} = 6$

$3 \div \text{.................} = 1$

$15 \div \text{.................} = 5$

Find the missing division

Fill in the blanks

$44 \div \ldots\ldots\ldots\ldots = 11$

$64 \div \ldots\ldots\ldots\ldots = 8$

$55 \div \ldots\ldots\ldots\ldots = 5$

$20 \div \ldots\ldots\ldots\ldots = 4$

$72 \div \ldots\ldots\ldots\ldots = 12$

$36 \div \ldots\ldots\ldots\ldots = 6$

$24 \div \ldots\ldots\ldots\ldots = 6$

$90 \div \ldots\ldots\ldots\ldots = 10$

$30 \div \ldots\ldots\ldots\ldots = 3$

$40 \div \ldots\ldots\ldots\ldots = 8$

$8 \div \ldots\ldots\ldots\ldots = 1$

$15 \div \ldots\ldots\ldots\ldots = 3$

$56 \div \ldots\ldots\ldots\ldots = 8$

$16 \div \ldots\ldots\ldots\ldots = 4$

$32 \div \ldots\ldots\ldots\ldots = 8$

$48 \div \ldots\ldots\ldots\ldots = 8$

$36 \div \ldots\ldots\ldots\ldots = 9$

$49 \div \ldots\ldots\ldots\ldots = 7$

$42 \div \ldots\ldots\ldots\ldots = 7$

$54 \div \ldots\ldots\ldots\ldots = 9$

Fill in the blanks

54 ÷ .... = 9

120 ÷ .... = 12

56 ÷ .... = 8

60 ÷ .... = 12

77 ÷ .... = 11

36 ÷ .... = 9

24 ÷ .... = 12

30 ÷ .... = 10

30 ÷ .... = 5

40 ÷ .... = 10

72 ÷ .... = 9

15 ÷ .... = 3

16 ÷ .... = 8

24 ÷ .... = 4

48 ÷ .... = 8

72 ÷ .... = 12

54 ÷ .... = 9

28 ÷ .... = 7

96 ÷ .... = 12

72 ÷ .... = 9

Find the missing division

Fill in the blanks

$3 \div$ .... $= 1$

$32 \div$ .... $= 8$

$33 \div$ .... $= 11$

$12 \div$ .... $= 3$

$30 \div$ .... $= 10$

$36 \div$ .... $= 9$

$27 \div$ .... $= 9$

$40 \div$ .... $= 10$

$3 \div$ .... $= 3$

$16 \div$ .... $= 4$

$8 \div$ .... $= 2$

$20 \div$ .... $= 5$

$14 \div$ .... $= 7$

$44 \div$ .... $= 11$

$21 \div$ .... $= 7$

$48 \div$ .... $= 12$

$4 \div$ .... $= 1$

$60 \div$ .... $= 12$

$28 \div$ .... $= 7$

$30 \div$ .... $= 6$

Fill in the blanks

$25 \div$ .... $= 5$

$42 \div$ .... $= 7$

$55 \div$ .... $= 11$

$6 \div$ .... $= 1$

$50 \div$ .... $= 10$

$12 \div$ .... $= 2$

$20 \div$ .... $= 4$

$48 \div$ .... $= 8$

$15 \div$ .... $= 3$

$54 \div$ .... $= 9$

$45 \div$ .... $= 9$

$18 \div$ .... $= 3$

$40 \div$ .... $= 8$

$24 \div$ .... $= 4$

$12 \div$ .... $= 2$

$60 \div$ .... $= 10$

$5 \div$ .... $= 1$

$66 \div$ .... $= 11$

$35 \div$ .... $= 7$

$30 \div$ .... $= 5$

Find the missing division

Fill in the blanks

$36 \div \ldots\ldots\ldots = 6$

$63 \div \ldots\ldots\ldots = 9$

$72 \div \ldots\ldots\ldots = 12$

$56 \div \ldots\ldots\ldots = 8$

$84 \div \ldots\ldots\ldots = 12$

$14 \div \ldots\ldots\ldots = 2$

$42 \div \ldots\ldots\ldots = 6$

$21 \div \ldots\ldots\ldots = 7$

$35 \div \ldots\ldots\ldots = 5$

$28 \div \ldots\ldots\ldots = 4$

$77 \div \ldots\ldots\ldots = 7$

$80 \div \ldots\ldots\ldots = 10$

$70 \div \ldots\ldots\ldots = 10$

$88 \div \ldots\ldots\ldots = 11$

$28 \div \ldots\ldots\ldots = 4$

$40 \div \ldots\ldots\ldots = 5$

$21 \div \ldots\ldots\ldots = 3$

$48 \div \ldots\ldots\ldots = 6$

$35 \div \ldots\ldots\ldots = 7$

$96 \div \ldots\ldots\ldots = 12$

Fill in the blanks

$108 \div$ .... $= 12$

$70 \div$ .... $= 7$

$99 \div$ .... $= 10$

$77 \div$ .... $= 7$

$45 \div$ .... $= 5$

$10 \div$ .... $= 1$

$36 \div$ .... $= 4$

$20 \div$ .... $= 2$

$27 \div$ .... $= 3$

$80 \div$ .... $= 8$

$81 \div$ .... $= 9$

$90 \div$ .... $= 9$

$72 \div$ .... $= 8$

$20 \div$ .... $= 3$

$18 \div$ .... $= 2$

$40 \div$ .... $= 4$

$9 \div$ .... $= 1$

$50 \div$ .... $= 5$

$63 \div$ .... $= 7$

$110 \div$ .... $= 11$

Fill in the blanks

100 ÷ .... = 10

72 ÷ .... = 8

70 ÷ .... = 7

45 ÷ .... = 5

110 ÷ .... = 11

72 ÷ .... = 9

50 ÷ .... = 5

64 ÷ .... = 8

80 ÷ .... = 8

21 ÷ .... = 3

30 ÷ .... = 3

16 ÷ .... = 4

120 ÷ .... = 12

56 ÷ .... = 7

81 ÷ .... = 9

48 ÷ .... = 6

56 ÷ .... = 7

63 ÷ .... = 9

63 ÷ .... = 7

56 ÷ .... = 8

Find the missing division

Fill in the blanks

$132 \div$ .... $= 12$

$122 \div$ .... $= 61$

$120 \div$ .... $= 10$

$114 \div$ .... $= 19$

$120 \div$ .... $= 12$

$69 \div$ .... $= 23$

$110 \div$ .... $= 10$

$288 \div$ .... $= 18$

$144 \div$ .... $= 12$

$136 \div$ .... $= 17$

$84 \div$ .... $= 7$

$51 \div$ .... $= 17$

$96 \div$ .... $= 8$

$168 \div$ .... $= 14$

$108 \div$ .... $= 12$

$240 \div$ .... $= 15$

$145 \div$ .... $= 29$

$140 \div$ .... $= 14$

$174 \div$ .... $= 6$

$48 \div$ .... $= 8$

Find the missing division

Fill in the blanks

$171 \div$ .... $= 19$

$153 \div$ .... $= 9$

$260 \div$ .... $= 10$

$102 \div$ .... $= 17$

$98 \div$ .... $= 14$

$144 \div$ .... $= 8$

$90 \div$ .... $= 15$

$128 \div$ .... $= 8$

$210 \div$ .... $= 15$

$64 \div$ .... $= 4$

$224 \div$ .... $= 16$

$252 \div$ .... $= 14$

$204 \div$ .... $= 12$

$209 \div$ .... $= 19$

$240 \div$ .... $= 16$

$104 \div$ .... $= 8$

$54 \div$ .... $= 18$

$156 \div$ .... $= 13$

$85 \div$ .... $= 17$

$143 \div$ .... $= 11$

Find the missing division

Fill in the blanks

$192 \div$ .... $= 16$ $60 \div$ .... $= 6$

$126 \div$ .... $= 7$ $144 \div$ .... $= 18$

$152 \div$ .... $= 8$ $361 \div$ .... $= 19$

$117 \div$ .... $= 13$ $187 \div$ .... $= 11$

$64 \div$ .... $= 16$ $360 \div$ .... $= 18$

$99 \div$ .... $= 11$ $247 \div$ .... $= 13$

$130 \div$ .... $= 10$ $221 \div$ .... $= 13$

$221 \div$ .... $= 17$ $36 \div$ .... $= 9$

$84 \div$ .... $= 7$ $65 \div$ .... $= 13$

$192 \div$ .... $= 12$ $288 \div$ .... $= 16$

Multiplication (2 digits x 1 digits)

12 worksheets
20 problems per sheet

Multiply

15	45	30	17	10
x 2	x 1	x 2	x 3	x 2

35	26	19	18	11
x 2	x 5	x 2	x 9	x 2

15	13	11	12	57
x 1	x 0	x 3	x 2	x 2

44	28	20	65	77
x 2	x 2	x 2	x 9	x 0

Multiply

34	93	56	47	10
x 5	x 3	x 7	x 2	x 2

20	69	66	61	31
x 2	x 9	x 2	x 6	x 3

98	38	32	21	78
x 7	x 3	x 8	x 7	x 7

71	66	27	68	60
x 2	x 6	x 9	x 6	x 6

Multiply

20	44	90	15	51
x 5	x 9	x 9	x 7	x 6

89	72	18	29	52
x 3	x 2	x 4	x 5	x 6

94	67	23	26	58
x 7	x 6	x 7	x 5	x 7

62	15	77	55	63
x 5	x 3	x 3	x 8	x 8

**Multiplication
(2 digits x 1 digits)**

Multiply

63	81	54	18	11
x 2	x 8	x 3	x 9	x 2

66	81	36	70	31
x 7	x 5	x 8	x 8	x 7

39	34	67	87	39
x 7	x 4	x 5	x 5	x 4

60	91	95	23	53
x 3	x 6	x 6	x 7	x 8

Multiplication
(2 digits x 1 digits)

Multiply

18	12	63	62	35
x 8	x 2	x 4	x 5	x 8

76	61	24	77	81
x 6	x 2	x 5	x 9	x 3

37	51	22	47	97
x 9	x 7	x 8	x 9	x 9

32	88	84	25	34
x 8	x 4	x 6	x 8	x 4

**Multiplication
(2 digits x 1 digits)**

Multiply

77	88	64	37	84
x 9	x 4	x 2	x 6	x 6

72	32	34	37	72
x 2	x 8	x 3	x 5	x 6

39	18	87	43	49
x 3	x 9	x 4	x 9	x 8

58	96	68	94	67
x 8	x 3	x 9	x 7	x 3

Multiplication
(2 digits x 1 digits)

Multiply

78	95	56	21	52
x 6	x 8	x 9	x 2	x 4

43	81	42	42	52
x 3	x 5	x 2	x 5	x 3

71	66	96	64	53
x 4	x 5	x 4	x 3	x 2

84	95	37	73	35
x 2	x 3	x 4	x 5	x 3

Multiplication
(2 digits x 1 digits)

Multiply

12	25	17	30	23
x 9	x 6	x 2	x 2	x 5

10	24	11	19	26
x 6	x 2	x 4	x 4	x 3

24	22	33	27	29
x 4	x 5	x 4	x 7	x 2

44	37	34	54	53
x 2	x 3	x 4	x 6	x 3

Multiply

43	26	73	43	67
x 5	x 4	x 3	x 4	x 5

90	29	45	19	34
x 2	x 5	x 7	x 6	x 8

64	18	59	47	39
x 4	x 9	x 2	x 6	x 3

76	45	55	92	48
x 2	x 3	x 3	x 5	x 2

Multiplication
(2 digits x 1 digits)

Multiply

91 x 3	83 x 5	38 x 7	74 x 6	67 x 5
93 x 2	28 x 5	47 x 2	19 x 9	78 x 4
56 x 9	32 x 6	58 x 3	57 x 4	38 x 7
67 x 3	89 x 1	77 x 3	93 x 5	45 x 3

Multiplication (2 digits x 1 digits)

Multiply

94	85	39	78	65
x 2	x 4	x 6	x 4	x 3

41	29	46	85	94
x 7	x 5	x 7	x 4	x 3

26	39	69	59	51
x 6	x 5	x 3	x 3	x 7

61	84	71	95	49
x 3	x 2	x 3	x 3	x 3

| DATE:...................... | Multiplication (2 digits x 1 digits) |

Multiply

49	58	93	87	56
x 2	x 4	x 6	x 4	x 3

14	92	64	37	49
x 7	x 5	x 7	x 4	x 3

62	93	96	95	15
x 6	x 5	x 3	x 3	x 7

16	48	17	59	94
x 3	x 2	x 3	x 3	x 3

SECTIOIN

6

Multiplication (3 digits X 2 digits)

15 worksheets
20 problems per sheet

DATE:........................	Multiplication (3 digits X 2 digits)

Multiply

134	145	350	317	160
x12	x51	x22	x13	x12

325	226	419	168	121
x29	x35	x22	x39	x42

715	153	411	812	857
x11	x50	x13	x10	x11

144	278	230	525	747
x23	x22	x42	x19	x10

DATE:........................	**Multiplication (3 digits X 2 digits)**

Multiply

100	105	109	107	106
x12	x51	x22	x13	x12

101	104	119	112	111
x29	x75	x82	x39	x42

115	113	118	112	117
x31	x50	x53	x62	x12

120	102	122	125	126
x23	x52	x62	x39	x20

Multiply

| 130 | 135 | 139 | 137 | 136 |
| x11 | x21 | x12 | x13 | x19 |

| 131 | 134 | 129 | 122 | 131 |
| x16 | x16 | x14 | x18 | x17 |

| 145 | 153 | 158 | 142 | 147 |
| x22 | x20 | x23 | x28 | x23 |

| 130 | 152 | 132 | 155 | 156 |
| x23 | x32 | x12 | x19 | x10 |

Multiplication (3 digits X 2 digits)

Multiply

| 130 | 105 | 109 | 107 | 106 |
| x12 | x51 | x22 | x33 | x12 |

| 101 | 104 | 119 | 112 | 111 |
| x29 | x75 | x82 | x39 | x42 |

| 115 | 113 | 118 | 112 | 117 |
| x31 | x50 | x53 | x62 | x32 |

| 120 | 102 | 122 | 125 | 126 |
| x23 | x52 | x62 | x39 | x20 |

Multiply

104	105	300	307	100
x12	x51	x22	x13	x12

305	206	409	108	101
x29	x35	x12	x39	x42

405	103	401	802	807
x13	x50	x23	x12	x12

704	278	200	605	707
x23	x32	x42	x16	x10

Multiply

104	105	300	307	100
x10	x50	x20	x13	x11

305	206	409	108	101
x21	x15	x12	x19	x17

405	103	401	802	807
x16	x19	x19	x11	x13

704	278	200	605	707
x14	x15	x22	x13	x14

Multiply

110 x10	111 x50	116 x20	118 x13	115 x11
119 x21	112 x15	114 x12	113 x19	117 x17
120 x16	123 x19	127 x19	122 x18	126 x13
125 x14	128 x15	121 x22	129 x23	124 x24

Multiplication (3 digits X 2 digits)

Multiply

510 x10	511 x17	516 x10	518 x13	515 x11
519 x13	512 x15	514 x12	513 x19	517 x17
520 x16	523 x19	527 x18	522 x18	526 x13
525 x14	328 x15	321 x22	329 x23	324 x24

| DATE:........................ | Multiplication (3 digits X 2 digits) |

Multiply

210	211	216	218	215
x21	x25	x20	x23	x26

219	212	214	213	217
x28	x27	x29	x22	x24

220	223	227	222	226
x34	x37	x32	x33	x30

225	228	221	229	224
x31	x28	x36	x35	x39

Multiply

240	241	246	248	245
x11	x15	x10	x13	x16

259	242	244	243	247
x18	x17	x19	x12	x14

250	243	247	242	246
x31	x32	x31	x13	x10

245	248	241	249	244
x21	x21	x37	x30	x33

Multiplication (3 digits X 2 digits)

Multiply

120	121	126	128	125
x21	x25	x20	x23	x26

129	122	124	123	127
x28	x27	x29	x22	x24

130	133	137	132	136
x34	x37	x32	x33	x30

135	138	131	139	134
x31	x38	x36	x35	x39

Multiply

320	321	326	328	325
x11	x15	x10	x13	x16

329	322	324	323	327
x18	x17	x19	x12	x14

330	333	337	332	336
x14	x17	x12	x13	x10

335	338	331	339	334
x11	x18	x16	x15	x19

Multiplication (3 digits X 2 digits)

Multiply

420	421	426	428	425
x11	x15	x10	x13	x16

429	422	424	423	427
x18	x17	x19	x12	x14

430	433	437	432	436
x14	x17	x12	x13	x10

435	438	431	439	434
x11	x18	x16	x15	x19

Multiply

120	121	126	128	125
x21	x25	x20	x23	x26

129	122	124	123	127
x28	x27	x29	x22	x24

130	133	137	132	136
x34	x37	x32	x33	x30

135	138	131	139	134
x31	x38	x36	x35	x39

SECTIOIN

7

Division (3digits / 1 digit)

11 worksheets
20 problems per sheet

Division

$135 \div 5 =$	$430 \div 2 =$ ....
$115 \div 1 =$	$110 \div 5 =$ ....
$120 \div 5 =$	$222 \div 3 =$ ....
$215 \div 5 =$	$300 \div 4 =$ ....
$150 \div 5 =$	$228 \div 6 =$ ....
$198 \div 9 =$	$148 \div 2 =$ ....
$145 \div 5 =$	$190 \div 5 =$ ....
$182 \div 7 =$	$166 \div 2 =$ ....
$100 \div 4 =$	$136 \div 8 =$ ....
$140 \div 7 =$	$488 \div 4 =$ ....

Division (3digits / 1 digit)

Division

$366 \div 3 =$ .... $468 \div 6 =$ ....

$405 \div 9 =$ .... $546 \div 7 =$ ....

$208 \div 8 =$ .... $472 \div 2 =$ ....

$216 \div 8 =$ .... $388 \div 4 =$ ....

$468 \div 9 =$ .... $522 \div 6 =$ ....

$224 \div 2 =$ .... $540 \div 2 =$ ....

$168 \div 3 =$ .... $324 \div 3 =$ ....

$140 \div 5 =$ .... $232 \div 4 =$ ....

$344 \div 4 =$ .... $512 \div 8 =$ ....

$207 \div 3 =$ .... $192 \div 8 =$ ....

Division

$267 \div 3 = $	$258 \div 6 = $ ....
$414 \div 9 = $	$322 \div 7 = $ ....
$600 \div 8 = $	$158 \div 2 = $ ....
$208 \div 8 = $	$268 \div 4 = $ ....
$387 \div 9 = $	$222 \div 6 = $ ....
$156 \div 2 = $	$196 \div 2 = $ ....
$237 \div 3 = $	$261 \div 3 = $ ....
$395 \div 5 = $	$148 \div 4 = $ ....
$272 \div 4 = $	$368 \div 8 = $ ....
$102 \div 3 = $	$128 \div 8 = $ ....

Division (3digits / 1 digit)

Division

$204 \div 3 = $ ....

$234 \div 6 = $ ....

$315 \div 9 = $ ....

$266 \div 7 = $ ....

$368 \div 8 = $ ....

$112 \div 2 = $ ....

$152 \div 8 = $ ....

$368 \div 4 = $ ....

$306 \div 9 = $ ....

$438 \div 6 = $ ....

$188 \div 2 = $ ....

$194 \div 2 = $ ....

$294 \div 3 = $ ....

$261 \div 3 = $ ....

$480 \div 5 = $ ....

$260 \div 4 = $ ....

$246 \div 6 = $ ....

$392 \div 8 = $ ....

$189 \div 3 = $ ....

$568 \div 8 = $ ....

Division

261 ÷ 3 = ...

432 ÷ 6 = ...

171 ÷ 9 = ...

406 ÷ 7 = ...

144 ÷ 8 = ...

188 ÷ 2 = ...

224 ÷ 8 = ...

164 ÷ 4 = ...

261 ÷ 9 = ...

438 ÷ 6 = ...

146 ÷ 2 = ...

174 ÷ 2 = ...

294 ÷ 3 = ...

183 ÷ 3 = ...

345 ÷ 5 = ...

248 ÷ 4 = ...

272 ÷ 4 = ...

216 ÷ 8 = ...

162 ÷ 3 = ...

104 ÷ 8 = ...

DATE:.........................	Division (3digits / 1 digit)

Division

141 ÷ 3 = ...	222 ÷ 6 = ...
378 ÷ 9 = ...	315 ÷ 7 = ...
272 ÷ 8 = ...	186 ÷ 2 = ...
584 ÷ 8 = ...	252 ÷ 4 = ...
369 ÷ 9 = ...	444 ÷ 6 = ...
184 ÷ 2 = ...	106 ÷ 2 = ...
168 ÷ 3 = ...	126 ÷ 3 = ...
210 ÷ 5 = ...	244 ÷ 4 = ...
152 ÷ 4 = ...	248 ÷ 8 = ...
288 ÷ 3 = ...	336 ÷ 8 = ...

Division

$273 \div 3 = $	$192 \div 6 = $ ....
$189 \div 9 = $	$574 \div 7 = $ ....
$210 \div 5 = $	$124 \div 2 = $ ....
$376 \div 8 = $	$212 \div 4 = $ ....
$225 \div 9 = $	$216 \div 6 = $ ....
$166 \div 2 = $	$170 \div 2 = $ ....
$255 \div 3 = $	$138 \div 3 = $ ....
$170 \div 5 = $	$296 \div 4 = $ ....
$248 \div 4 = $	$576 \div 8 = $ ....
$144 \div 3 = $	$592 \div 8 = $ ....

Division

$291 \div 3 =$ ....

$456 \div 6 =$ ....

$414 \div 9 =$ ....

$217 \div 7 =$ ....

$230 \div 5 =$ ....

$190 \div 2 =$ ....

$584 \div 8 =$ ....

$376 \div 4 =$ ....

$468 \div 9 =$ ....

$456 \div 6 =$ ....

$186 \div 2 =$ ....

$158 \div 2 =$ ....

$246 \div 3 =$ ....

$249 \div 3 =$ ....

$415 \div 5 =$ ....

$152 \div 4 =$ ....

$148 \div 4 =$ ....

$312 \div 8 =$ ....

$147 \div 3 =$ ....

$344 \div 8 =$ ....

Division

$117 \div 3 =$ ....

$198 \div 6 =$ ....

$288 \div 9 =$ ....

$385 \div 7 =$ ....

$480 \div 5 =$ ....

$176 \div 2 =$ ....

$464 \div 8 =$ ....

$264 \div 4 =$ ....

$801 \div 9 =$ ....

$462 \div 6 =$ ....

$198 \div 2 =$ ....

$134 \div 2 =$ ....

$264 \div 3 =$ ....

$204 \div 3 =$ ....

$385 \div 5 =$ ....

$284 \div 4 =$ ....

$352 \div 4 =$ ....

$264 \div 8 =$ ....

$132 \div 3 =$ ....

$352 \div 8 =$ ....

Division (3digits / 1 digit)

Division

$141 \div 3 =$ ....

$258 \div 6 =$ ....

$891 \div 9 =$ ....

$392 \div 7 =$ ....

$330 \div 5 =$ ....

$138 \div 2 =$ ....

$256 \div 8 =$ ....

$248 \div 4 =$ ....

$387 \div 9 =$ ....

$438 \div 6 =$ ....

$126 \div 2 =$ ....

$182 \div 2 =$ ....

$192 \div 3 =$ ....

$192 \div 3 =$ ....

$456 \div 6 =$ ....

$248 \div 4 =$ ....

$212 \div 4 =$ ....

$392 \div 8 =$ ....

$195 \div 3 =$ ....

$744 \div 8 =$ ....

Division (3digits / 1 digit)

Division

186 ÷ 3 = ...

108 ÷ 6 = ...

207 ÷ 9 = ...

126 ÷ 7 = ...

105 ÷ 5 = ...

168 ÷ 2 = ...

104 ÷ 8 = ...

288 ÷ 4 = ...

135 ÷ 9 = ...

252 ÷ 6 = ...

188 ÷ 2 = ...

146 ÷ 2 = ...

141 ÷ 3 = ...

183 ÷ 3 = ...

145 ÷ 5 = ...

148 ÷ 4 = ...

112 ÷ 4 = ...

128 ÷ 8 = ...

102 ÷ 3 = ...

136 ÷ 8 = ...

Division (4digits / 2 digit)

5 worksheets
20 problems per sheet

Division (4digits / 2 digit)

Division

$1235 \div 19 =$ ....

$4323 \div 33 =$ ....

$2115 \div 15 =$ ....

$1100 \div 20 =$ ....

$3420 \div 45 =$ ....

$2222 \div 22 =$ ....

$4215 \div 15 =$ ....

$3100 \div 50 =$ ....

$1520 \div 19 =$ ....

$1220 \div 61 =$ ....

$6298 \div 94 =$ ....

$1340 \div 20 =$ ....

$1445 \div 17 =$ ....

$1890 \div 27 =$ ....

$1824 \div 19 =$ ....

$1666 \div 17 =$ ....

$1000 \div 10 =$ ....

$1335 \div 15 =$ ....

$1400 \div 14 =$ ....

$4488 \div 17 =$ ....

Division (4digits / 2 digit)

Division

1334 ÷ 29 =..............	1568 ÷ 32 = ...
1140 ÷ 15 = ...	1580 ÷ 20 = ...
1008 ÷ 42 = ...	1408 ÷ 22 = ...
1190 ÷ 35 = ...	1450 ÷ 50 = ...
1520 ÷ 40 = ...	1242 ÷ 27 = ...
1296 ÷ 24 = ...	1058 ÷ 23 = ...
1088 ÷ 17 = ...	1156 ÷ 34 = ...
1273 ÷ 19 = ...	1288 ÷ 28 = ...
1067 ÷ 11 = ...	1026 ÷ 18 = ...
1330 ÷ 14 = ...	1150 ÷ 25 = ...

Division (4digits / 2 digit)

<u>Division</u>

1363 ÷ 29 =...............

1376 ÷ 32 = ...

1095 ÷ 15 = ...

1500 ÷ 20 = ...

1512 ÷ 42 = ...

1012 ÷ 22 = ...

1610 ÷ 35 = ...

1100 ÷ 50 = ...

1677 ÷ 39 = ...

1863 ÷ 27 = ...

1728 ÷ 24 = ...

1104 ÷ 23 = ...

1003 ÷ 17 = ...

1564 ÷ 34 = ...

1083 ÷ 19 = ...

1232 ÷ 28 = ...

1034 ÷ 11 = ...

1368 ÷ 18 = ...

1204 ÷ 14 = ...

1075 ÷ 25 = ...

Division

2349 ÷ 29 =...............

1536 ÷ 32 = ...

1020 ÷ 15 = ...

1180 ÷ 20 = ...

2898 ÷ 42 = ...

1034 ÷ 22 = ...

1610 ÷ 35 = ...

1150 ÷ 50 = ...

1794 ÷ 39 = ...

1242 ÷ 27 = ...

1728 ÷ 24 = ...

1564 ÷ 23 = ...

1666 ÷ 17 = ...

1564 ÷ 34 = ...

1444 ÷ 19 = ...

1372 ÷ 28 = ...

1045 ÷ 11 = ...

1404 ÷ 18 = ...

1022 ÷ 14 = ...

1225 ÷ 25 = ...

SECTIOIN

9

Solutions to problems

22 worksheets

1

DATE:........................ Multiplication facts

Multiply

15	5	3	7	10
x2	x1	x2	x3	x2
30	5	6	21	20

5	6	9	8	1
x2	x5	x2	x9	x2
10	30	18	72	2

15	13	11	12	7
x1	x0	x3	x2	x2
15	00	33	24	14

4	2	0	5	7
x2	x2	x2	x9	x0
8	4	0	45	0

2

DATE:........................ Multiplication facts

Multiply

12	4	3	9	1
x2	x3	x2	x3	x2
24	12	6	28	2

6	16	9	7	2
x2	x5	x0	x9	x2
12	80	0	63	4

4	13	9	12	7
x1	x1	x3	x2	x5
4	13	28	24	35

8	3	1	5	7
x2	x2	x2	x9	x7
16	6	2	45	49

3

DATE:........................ Multiplication facts

Multiply

12	4	3	9	8
x3	x1	x8	x5	x2
36	4	24	45	16

12	17	9	3	2
x2	x5	x1	x9	x9
24	85	9	27	18

4	19	9	12	7
x5	x1	x3	x2	x5
20	19	36	27	35

8	3	7	5	0
x8	x5	x2	x6	x7
64	15	14	30	7

4

DATE:........................ Multiplication facts

Multiply

3	4	5	7	5
x3	x0	x8	x5	x2
9	0	40	35	10

14	18	8	9	2
x2	x5	x1	x9	x0
28	90	8	81	0

14	19	10	12	3
x5	x1	x3	x3	x5
70	19	30	36	15

7	4	7	8	0
x8	x5	x5	x6	x0
56	20	35	48	0

Card 5

DATE:........................ | **Multiplication facts**

Multiply

8	4	5	7	5
x3	x4	x5	x4	x9
24	16	25	28	45

6	18	1	1	2
x6	x5	x8	x9	x0
36	90	8	9	0

14	13	0	12	13
x0	x1	x3	x9	x5
0	13	0	108	65

7	4	7	5	2
x6	x9	x2	x6	x0
42	36	14	30	0

Card 6

DATE:........................ | **Multiplication facts**

Multiply

18	14	15	7	1
x3	x4	x5	x3	x9
54	56	75	21	9

6	18	5	3	2
x6	x5	x8	x9	x1
36	90	40	27	2

14	13	8	12	13
x8	x5	x3	x4	x3
112	65	24	48	39

7	7	17	15	7
x5	x9	x2	x6	x0
35	63	34	90	0

Card 7

DATE:........................ | **Multiplication facts**

Multiply

10	14	12	7	11
x11	x4	x11	x3	x9
110	56		21	99

6	18	15	9	12
x4	x2	x8	x9	x1
24	36	120	81	12

14	13	8	12	13
x7	x1	x5	x7	x0
98	13	40	84	0

17	7	17	15	7
x5	x9	x2	x6	x0
85	63	34	90	0

Card 8

DATE:........................ | **Multiplication facts**

Multiply

10	15	13	7	12
x12	x4	x11	x3	x9
120	60	143	21	108

6	18	15	9	12
x2	x4	x3	x7	x7
12	72	45	63	84

14	13	8	12	13
x3	x13	x8	x6	x8
				104

17	7	17	15	17
x9	x9	x3	x2	x0
153	63	51	30	0

DATE:........................ Multiplication facts

Multiply

11	11	13	7	12
x12	x4	x12	x4	x5
132	44	156	28	60

6	18	15	3	12
x7	x0	x0	x7	x1
42	0	0	21	12

14	13	8	12	13
x6	x10	x5	x4	x3
84	130	40	48	39

17	7	17	15	17
x4	x1	x1	x0	x5
68	7	17	0	85

DATE:........................ Multiplication facts

Multiply

11	11	13	10	12
x14	x4	x11	x4	x8
154	44		40	96

16	14	15	13	12
x7	x3	x3	x7	x8
112	42	45	91	96

14	13	8	12	13
x6	x10	x5	x4	x13
84	130	40	48	169

15	5	19	15	17
x4	x1	x1	x0	x5
60	5	19	0	85

DATE:........................ Find the Missing Multipliers

Multiply

3 x ......7....... = 21   12 x ......5..... = 60

6 x ......8....... = 48   4 x ......9..... = 36

9 x ......9..... = 81   11 x ......7..... = 77

5 x ......15..... = 75   9 x ......6......... = 54

1 x ......15..... = 15   10 x ......9..... = 90

4 x ......6......... = 24   3 x ......8......... = 24

2 x .....20...... = 40   13 x ......8..... = 104

7 x ......5........ = 35   1 x ......19..... = 19

0 x ......8...... = 0   5 x ......9...... = 45

8 x .....7..... = 56   7 x ......12........ = 84

12

DATE:........................ Find the Missing Multipliers

Multiply

7 x ......3.... = 21   5 x ......12..... = 60

8 x ......6...... = 48   9 x ......4..... = 36

9 x ......9..... = 81   7 x ......11..... = 77

5 x ......15..... = 75   6 x ......9...... = 54

1 x ......15..... = 15   9 x ......10..... = 90

6 x ......4....... = 24   8 x .....3......... = 24

4 x ....10..... = 40   8 x ......13..... = 104

5 x ....7...... = 35   1 x ......19..... = 19

0 x ....4.... = 0   9 x ......5...... = 45

7 x ......8...... = 56   8 x ......7........ = 56

13

DATE:.........................

Find the Missing Multipliers

Multiply

2 x ......6...... = 12	7 x ......9...... = 63
7 x ......6...... = 42	9 x ......6...... = 54
6 x ......6...... = 36	8 x ......9...... = 72
5 x ......6...... = 30	6 x ......8...... = 48
2 x ......7...... = 14	9 x ......9...... = 81
2 x ......12...... = 24	8 x ......8...... = 64
9 x ......3...... = 27	3 x ......9...... = 27
9 x ......6...... = 54	4 x ......7...... = 28
8 x ...0...... = 0	8 x ......4...... = 32
8 x ......8.... = 64	6 x ......4...... = 24

14

DATE:.........................

Find the Missing Multipliers

Multiply

12 x ......10.... = 120	12 x ......8..... = 96
8 x ......12...... = 96	9 x ......12..... = 108
5 x ......12..... = 60	12 x ......12..... = 144
11 x ......7..... = 77	13 x ......14..... = 182
3 x ......5..... = 15	9 x ......13..... = 117
2 x ......12.... = 24	8 x ......15..... = 120
7 x .....20..... = 140	8 x ......13..... = 104
5 x ......12..... = 60	7 x ......16..... = 112
10 x ......0.... = 0	9 x ......5...... = 45
5 x ......10.... = 50	8 x ......7..... = 56

15

DATE:.........................

Find the Missing Multipliers

Multiply

8 x ......5.... = 40	12 x ......8..... = 96
2 x ......3...... = 6	9 x ......12..... = 108
4 x ......2..... = 8	12 x ......4..... = 48
8 x ......10..... = 88	13 x ......14..... = 182
3 x ......19..... = 57	9 x ......13..... = 117
2 x ......12..... = 24	8 x ......15..... = 120
7 x .....20..... = 140	8 x ......13..... = 104
5 x ......12..... = 60	10 x ...11..... = 110
10 x ....0.... = 0	9 x ......5...... = 45
5 x ......10..... = 50	8 x ......7..... = 56

16

DATE:.........................

Find the Missing Multipliers

Multiply

13 x ....12.... = 156	12 x ......8..... = 96
2 x ....12.... = 24	9 x ......5..... = 45
14 x ......3..... = 42	12 x ......12..... = 144
12 x ....9..... = 108	14 x ......13..... = 182
6 x ......15..... = 90	9 x ......13..... = 117
2 x ....12.... = 24	8 x ......5..... = 40
7 x .....20..... = 140	8 x ......13..... = 104
5 x .....12..... = 60	10 x ......12..... = 120
10 x ......0.... = 0	9 x ......11...... = 99
5 x ......10..... = 50	8 x ......11..... = 88

17

DATE:..........................

Find the Missing Multipliers

Multiply

2 x ......0.... = 0	11 x ....11..... = 121
3 x ......11...... = 33	9 x ......5..... = 45
11 x ......5..... = 55	7 x ......6..... = 42
7 x .....7..... = 49	3 x ......19..... = 57
11 x ....8..... = 88	7 x .....5..... = 35
12 x .....11.... = 132	4 x .....10..... = 40
4 x ......3..... = 12	12 x ......4..... = 48
4 x ......5.... = 20	9 x ......4..... = 18
8 x ......5.... = 40	12 x ......1... = 12
4 x ....9..... = 36	9 x ......11..... = 99

18

DATE:..........................

Find the Missing Multipliers

Multiply

3 x ......4.... = 12	11 x ....8..... = 22
6 x .....5...... = 30	5 x ....9..... = 45
11 x ......9..... = 99	4 x ......3..... = 28
7 x ......7..... = 49	8 x ...12.... = 96
11 x ....11..... =121	5 x ......7..... = 35
8 x ......8........ = 64	5 x ......8..... = 40
10 x .....6..... = 60	11 x ......6..... = 66
11 x ....1..... = 11	9 x ......9..... = 81
8 x ......4.... = 32	2 x ......6...... = 12
2 x ......8........ = 16	12 x ......5..... = 60

19

DATE:..........................

Find the Missing Multipliers

Multiply

2 x ......6.... = 12	12 x ...12..... = 144
2 x .....8....... = 16	9 x ......5..... = 45
6 x ....9..... = 54	12 x ......12..... = 144
9 x ......3..... = 27	13 x ......14..... = 182
3 x ......3.... = 9	9 x ......13..... = 117
2 x ......2.... = 4	5x ......8..... = 40
5 x ....2....... = 10	12 x ......4..... = 48
5 x ......11.... = 55	2 x ....8....... = 16
12 x ....3.... = 36	12 x ......9...... = 108
2 x ......8..... = 16	7 x ......3..... = 21

20

DATE:..........................

Find the Missing Multipliers

Multiply

4 x ......6..... = 24	7 x ......8..... = 56
3 x .....5....... = 15	3 x ....10......... = 30
9 x ......3..... = 27	12 x ......2..... = 24
3 x ......9..... = 27	10 x .....2.... = 20
7 x ......3..... = 21	9 x ......7...... = 63
2 x .....6........ = 24	4 x ......10..... = 40
5 x .....11....... = 55	8 x ......4..... = 32
1 x ......11.... = 11	2 x ......8........ = 16
2 x ......18....... = 36	10 x ......8...... = 80
8 x ......2..... = 16	7 x ......3........ = 21

21

DATE:........................ | **Find the Missing Multipliers**

Multiply

6 x ....8.... = 48	8 x ......7..... = 56
7 x ......4...... = 28	11 x .....4..... = 44
9 x ......9..... = 81	6 x .....4..... = 24
11 x ......5..... = 55	10 x .....6..... = 60
8 x ......9..... = 72	6 x ......9..... = 54
8 x ......3....... = 24	5 x ......8..... = 40
4 x ......4..... = 16	8 x ......4..... = 32
11 x ....1........ = 11	8 x ......6..... = 48
3 x ....10....... = 30	12 x ......10... = 120
12 x ......4..... = 48	10 x ......0..... = 0

22

DATE:........................ | **Find the Missing Multipliers**

Multiply

1 x ......12.... = 12	8 x ......10..... = 80
7 x ......4...... = 28	11 x ......6..... = 66
9 x ....0..... = 0	6 x ......6..... = 36
11 x ......9..... = 99	11 x ......8..... = 88
9 x ......8...... = 72	6 x ......4..... = 24
4 x ....6..... = 24	5 x ......18.... = 90
2 x ......8..... = 16	8 x ......4..... = 32
3 x ......4..... = 12	8 x ......4..... =32
4 x ......5....... = 20	12 x .....8...... = 96
2 x ......9...... = 18	10 x ......9..... = 90

23

DATE:........................ | **Find the Missing Multipliers**

Multiply

11 x ......2.... = 22	4 x ......20..... = 80
2 x ......11...... = 22	11 x ......4..... = 44
6 x ......3..... = 18	15 x ......0........ = 0
11 x ......4..... = 44	8 x ......10........ = 80
9 x ......11...... = 99	7 x ......4........ = 28
4 x ......10....... = 40	10 x ......5..... = 50
2 x ......10..... = 20	9 x ......13..... = 117
4 x ....7..... = 28	4 x ......5...... =20
4 x ......5....... = 20	10 x ......22.... = 220
9 x ......2..... = 18	20 x ......5..... = 100

24

DATE:........................ | **Division facts**

Division

35 ÷ 5 = ...7......	0 ÷ 5 = ...0.....
15 ÷ 3 = ...5........	10 ÷ 5 = ...2.....
120 ÷ 5 = ...24.....	22 ÷ 2 = ...11.....
25 ÷ 5 = ...4........	30 ÷ 5 = ...6.....
150 ÷ 10 = ...15.....	27 ÷ 9 = ...3.....
99 ÷ 11 = ...9.....	48 ÷ 6 = ...8.....
45 ÷ 9 = ...5.....	36 ÷ 9 = ...4.....
81 ÷ 9 = ...9.....	60 ÷ 15 = ...4.....
100 ÷ 20 = ...5.....	36 ÷ 6 = ...6.....
140 ÷ 70 = ...2.....	88 ÷ 4 = ...22.....

DATE:........................ | Division facts

Division

15 ÷ 5 = ...3..... | 14 ÷ 2 = ...7.....
30 ÷ 3 = ...10..... | 12 ÷ 3 = ...4.....
45 ÷ 5 = ...9..... | 25 ÷ 5 = ...4.....
24 ÷ 2 = ...12..... | 40 ÷ 5 = ...9.....
50 ÷ 10 = ...5..... | 32 ÷ 8 = ...4.....
90 ÷ 10 = ...9..... | 48 ÷ 3 = ...16.....
45 ÷ 5 = ...9...... | 30÷ 10 = ...3.....
72 ÷ 9 = ...8..... | 60 ÷ 15 = ...4.....
100 ÷ 20 = ...5..... | 36 ÷ 6 = ...6.....
18 ÷ 6 = ...3..... | 88 ÷ 4 = ...22.....

26

DATE:........................ | Division facts

Division

24 ÷ 6 = ...4..... | 49 ÷ 7 = ...7.....
7 ÷ 1 = ...7..... | 36 ÷ 12 = ...3.....
60 ÷ 10 = ...6..... | 80 ÷ 10 = ...8.....
18 ÷ 9 = ...2..... | 99 ÷ 9 = ...11.....
66 ÷ 6 = ...11..... | 40 ÷ 4 = ...10.....
6 ÷ 3 = ...2..... | 12 ÷ 6 = ...2.....
48 ÷ 8 = ...6..... | 66 ÷ 6 = ...11.....
120 ÷ 10 = ...12..... | 22 ÷ 11 = ...2.....
0 ÷ 30 = ...0..... | 72 ÷ 6 = ...12.....
63 ÷ 7 = ...9..... | 30 ÷ 5 = ...6.....

27

DATE:........................ | Division facts

Division

24 ÷ 2 = ...12..... | 21 ÷ 7 = ...3.....
5 ÷ 1 = ...5..... | 24 ÷ 12 = ...2.....
50 ÷ 10 = ...5..... | 70 ÷ 10 = ...7.....
16 ÷ 4 = ...4..... | 90 ÷ 9 = ...10.....
30 ÷ 6 = ...5...... | 48 ÷ 4 = ...12.....
8 ÷ 2 = ...4..... | 12 ÷ 3 = ...4.....
9 ÷ 3 = ...3..... | 60 ÷ 6 = ...10.....
20 ÷ 10 = ...2..... | 22 ÷ 11 = ...2.....
30 ÷ 2 = ...15..... | 72 ÷ 6 = ...12.....
63 ÷ 7 = ...9..... | 30 ÷ 5 = ...6.....

DATE:........................ | Division facts

Division

140 ÷ 2 = ...70..... | 42 ÷ 7 = ...6.....
15 ÷ 3 = ...5..... | 84 ÷ 21 = ...4.....
150 ÷ 5 = ...30..... | 84 ÷ 4 = ...21.....
160 ÷ 40 = ...40..... | 168 ÷ 7 = ...24.....
45 ÷ 9 = ...5..... | 66 ÷ 11 = ...6.....
115 ÷ 5 = ...23..... | 99 ÷ 9 = ...11.....
80 ÷ 8 = ...10..... | 160 ÷ 8 = ...20.....
120 ÷ 10 = ...12..... | 72 ÷ 6 = ...36.....
30 ÷ 15 = ...2..... | 45 ÷ 15 = ...3.....
96 ÷ 8 = ...12..... | 15 ÷ 5 = ...3.....

29

DATE:........................ | Division facts

Division

140 ÷ 2 = ...70..... | 42 ÷ 7 = ...6.....

15 ÷ 3 = ...5..... | 84 ÷ 21 = ...4.....

150 ÷ 5 = ...50..... | 84 ÷ 4 = ...21.....

160 ÷ 40 = ...4..... | 168 ÷ 7 = ...24.....

45 ÷ 9 = ...5..... | 66 ÷ 11 = ...6.....

115 ÷ 5 = ...23..... | 99 ÷ 9 = ...11.....

80 ÷ 8 = ...10..... | 160 ÷ 8 = ...20.....

120 ÷ 10 = ...12..... | 72 ÷ 6 = ...12.....

30 ÷ 15 = ...2..... | 45 ÷ 15 = ...3.....

96 ÷ 8 = ...12..... | 15 ÷ 5 = ...3.....

30

DATE:........................ | Division facts

Division

80 ÷ 4 = ...20..... | 18 ÷ 9 = ...2.....

44 ÷ 11 = ...4..... | 28 ÷ 4 = ...7.....

0 ÷ 15 = ...0..... | 20 ÷ 2 = ...10.....

80 ÷ 8 = ...10..... | 99 ÷ 9 = ...11.....

28 ÷ 7 = ...4..... | 66 ÷ 6 = ...11.....

50 ÷ 10 = ...5..... | 44 ÷ 11 = ...4.....

117 ÷ 4 = ...29..... | 18 ÷ 6 = ...3.....

20 ÷ 4 = ...5..... | 22 ÷ 2 = ...11.....

220 ÷ 10 = ...22..... | 40 ÷ 4 = ...10.....

100 ÷ 20 = ...5..... | 50 ÷ 10 = ...5.....

31

DATE:........................ | Division facts

Division

80 ÷ 8 = ...10..... | 64 ÷ 8 = ...8.....

66 ÷ 11 = ...6..... | 27 ÷ 3 = ...9.....

36 ÷ 6 = ...6..... | 28 ÷ 4 = ...7.....

88 ÷ 11 = ...8..... | 32 ÷ 8 = ...4.....

24 ÷ 6 = ...4..... | 24 ÷ 6 = ...4.....

63 ÷ 7 = ...9..... | 12 ÷ 3 = ...4.....

54 ÷ 9 = ...6..... | 42 ÷ 7 = ...6.....

72 ÷ 8 = ...9..... | 35 ÷ 7 = ...5.....

48 ÷ 6 = ...8..... | 14 ÷ 2 = ...7.....

81 ÷ 9 = ...9..... | 54 ÷ 9 = ...6.....

32

DATE:........................ | Division facts

Division

56 ÷ 8 = ...7..... | 96 ÷ 12 = ...8.....

120 ÷ 12 = ...10..... | 108 ÷ 9 = ...12.....

96 ÷ 8 = ...12..... | 144 ÷ 12 = ...12.....

60 ÷ 5 = ...12..... | 182 ÷ 14 = ...13.....

77 ÷ 11 = ...7..... | 117 ÷ 9 = ...13.....

15 ÷ 3 = ...5..... | 120 ÷ 8 = ...15.....

24 ÷ 12 = ...2..... | 104 ÷ 8 = ...13.....

140 ÷ 7 = ...20..... | 111 ÷ 3 = ...37.....

60 ÷ 6 = ...10..... | 45 ÷ 9 = ...5.....

50 ÷ 10 = ...5..... | 45 ÷ 5 = ...9.....

33

Division

7 ÷ 1 = ...7.....	14 ÷ 7 = ...2.....
35 ÷ 5 = ...7.....	21 ÷ 7 = ...3.....
4 ÷ 4 = ...1.....	42 ÷ 7 = ...6.....
16 ÷4 = ...4.....	18 ÷ 3 = ...6.....
12 ÷ 3 = ...4.....	35 ÷ 7 = ...5.....
9 ÷ 3 = ...3.....	30 ÷ 6 = ...5.....
5 ÷ 5 = ...1.....	36 ÷ 6 = ...6.....
42 ÷ 6 = ...7.....	5 ÷ 1 = ...5.....
14 ÷ 2 = ...7.....	45 ÷ 9 = ...5.....
21 ÷ 7 = ...3.....	2 ÷ 2 = ...1.....

34

Division

0 ÷ 7 = ...0.....	14 ÷ 7 = ...2.....
35 ÷ 7 = ...5.....	21 ÷ 3 = ...7.....
4 ÷ 1 = ...4.....	42 ÷ 7 = ...6.....
16 ÷2 = ...8.....	18 ÷ 2 = ...9.....
12 ÷ 4 = ...6.....	35 ÷ 5 = ...7.....
9 ÷ 3 = ...3.....	30 ÷ 6 = ...5.....
15 ÷ 5 = ...3.....	36 ÷ 6 = ...6.....
42 ÷ 7 = ...6.....	5 ÷ 1 = ...5.....
16 ÷ 8 = ...2.....	45 ÷ 5 = ...9.....
21 ÷ 7 = ...3.....	2 ÷ 1 = ...2.....

35

Division

30 ÷ 3 = ...10.....	63 ÷ 7 = ...9.....
6 ÷ 2 = ...3.....	77 ÷ 7 = ...11.....
44 ÷ 4 = ...11.....	20 ÷ 10 = ...2.....
12 ÷4 = ...3.....	80 ÷ 8 = ...10.....
32 ÷ 4 = ...32.....	3 ÷ 3 = ...1.....
49 ÷ 7 = ...7.....	48 ÷ 8 = ...6.....
72 ÷ 12 = ...6.....	28 ÷ 7 = ...4.....
108 ÷ 12 = ...9.....	36 ÷ 4 = ...9.....
14 ÷ 2 = ...7.....	9 ÷ 9 = ...1.....
21 ÷ 7 = ...3.....	18 ÷ 2 = ...9.....

36

Fill in the blanks

12 ÷ ......4..... = 3	88 ÷ ......11..... = 8
30 ÷ ......6..... = 5	15 ÷ ......5..... = 3
24 ÷ ......6..... = 4	44 ÷ ......22..... = 2
45 ÷ ......5..... = 9	225 ÷ ......15..... = 15
37 ÷ ......1.... = 37	144 ÷ ......9..... = 16
48 ÷ ......12..... = 4	48 ÷ ......4..... = 12
90 ÷ ......9..... = 10	112 ÷ ......2.... = 56
120 ÷ ......4..... = 30	72 ÷ ......24..... = 3
124 ÷ ......4..... = 31	99 ÷ ......33..... = 3
50 ÷ ......10..... = 5	64 ÷ ......16..... = 4

37

DATE:.........................

Find the missing division

Fill in the blanks

2 ÷ ......2..... = 1	8 ÷ ......8..... = 1
15 ÷ ......3..... = 5	16 ÷ ......2..... = 8
1 ÷ ......1..... = 1	18 ÷ ......2..... = 9
4 ÷ ......2..... = 2	9 ÷ ......9..... = 1
6 ÷ ......2..... = 3	24 ÷ ......2..... = 12
8 ÷ ......2..... = 4	22 ÷ ......2..... = 11
10 ÷ ......2..... = 5	20 ÷ ......2..... = 10
12 ÷ ......2..... = 6	36 ÷ ......3..... = 12
5 ÷ ......1..... = 5	18 ÷ ......3..... = 6
3 ÷ ......3..... = 1	15 ÷ ......3..... = 5

38

DATE:.........................

Find the missing division

Fill in the blanks

44 ÷ ......4..... = 11	64 ÷ ......8..... = 8
55 ÷ ......11..... = 5	20 ÷ ......5..... = 4
72 ÷ ......6..... = 12	36 ÷ ......6..... = 6
24 ÷ ......4..... = 6	90 ÷ ......9..... = 10
30 ÷ ......10..... = 3	40 ÷ ......5..... = 8
8 ÷ ......8..... = 1	15 ÷ ......5..... = 3
56 ÷ ......7..... = 8	16 ÷ ......4..... = 4
32 ÷ ......4..... = 8	48 ÷ ......6..... = 8
36 ÷ ......9..... = 9	49 ÷ ......7..... = 7
42 ÷ ......6..... = 7	54 ÷ ......6..... = 9

39

DATE:.........................

Find the missing division

Fill in the blanks

54 ÷ ......6..... = 9	120 ÷ ...10..... = 12
56 ÷ ......7..... = 8	60 ÷ ......5..... = 12
77 ÷ ......7..... = 11	36 ÷ ......4..... = 9
24 ÷ ......2..... = 12	30 ÷ ......3..... = 10
30 ÷ ......6..... = 5	40 ÷ ......4..... = 10
72 ÷ ......8..... = 9	15 ÷ ......5..... = 3
16 ÷ ......2..... = 8	24 ÷ ......6..... = 4
48 ÷ ......6..... = 8	72 ÷ ......6..... = 12
54 ÷ ......9..... = 9	28 ÷ ......4..... = 7
96 ÷ ......8..... = 12	72 ÷ ......9..... = 9

40

DATE:.........................

Find the missing division

Fill in the blanks

3 ÷ ......3..... = 1	32 ÷ ......4..... = 8
33 ÷ ......3..... = 11	12 ÷ ......4..... = 3
30 ÷ ......3..... = 10	36 ÷ ......4..... = 9
27 ÷ ......3..... = 9	40 ÷ ......4..... = 10
3 ÷ ......1..... = 3	16 ÷ ......4..... = 4
8 ÷ ......4..... = 2	20 ÷ ......4..... = 5
14 ÷ ......2..... = 7	44 ÷ ......4..... = 11
21 ÷ ......3..... = 7	48 ÷ ......4..... = 12
4 ÷ ......4..... = 1	60 ÷ ......5..... = 12
28 ÷ ......4..... = 7	30 ÷ ......5..... = 6

41

DATE:............................

Find the missing division

Fill in the blanks

$25 \div \ldots 5 \ldots = 5$	$42 \div \ldots 6 \ldots = 7$
$55 \div \ldots 5 \ldots = 11$	$6 \div \ldots 6 \ldots = 1$
$50 \div \ldots 5 \ldots = 10$	$12 \div \ldots 6 \ldots = 2$
$20 \div \ldots 5 \ldots = 4$	$48 \div \ldots 6 \ldots = 8$
$15 \div \ldots 5 \ldots = 3$	$54 \div \ldots 6 \ldots = 9$
$45 \div \ldots 5 \ldots = 9$	$18 \div \ldots 6 \ldots = 3$
$40 \div \ldots 5 \ldots = 8$	$24 \div \ldots 6 \ldots = 4$
$12 \div \ldots 6 \ldots = 2$	$60 \div \ldots 6 \ldots = 10$
$5 \div \ldots 5 \ldots = 1$	$66 \div \ldots 6 \ldots = 11$
$35 \div \ldots 5 \ldots = 7$	$30 \div \ldots 6 \ldots = 5$

42

DATE:............................

Find the missing division

Fill in the blanks

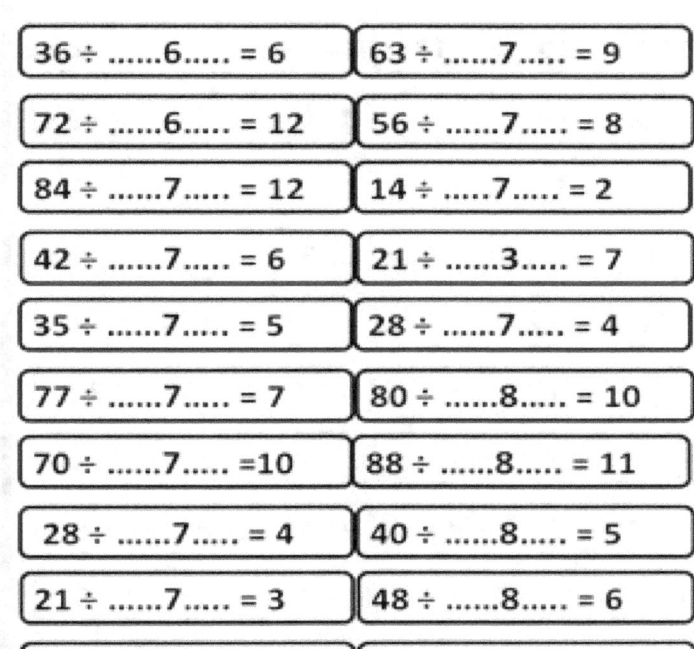

$36 \div \ldots 6 \ldots = 6$	$63 \div \ldots 7 \ldots = 9$
$72 \div \ldots 6 \ldots = 12$	$56 \div \ldots 7 \ldots = 8$
$84 \div \ldots 7 \ldots = 12$	$14 \div \ldots 7 \ldots = 2$
$42 \div \ldots 7 \ldots = 6$	$21 \div \ldots 3 \ldots = 7$
$35 \div \ldots 7 \ldots = 5$	$28 \div \ldots 7 \ldots = 4$
$77 \div \ldots 7 \ldots = 7$	$80 \div \ldots 8 \ldots = 10$
$70 \div \ldots 7 \ldots = 10$	$88 \div \ldots 8 \ldots = 11$
$28 \div \ldots 7 \ldots = 4$	$40 \div \ldots 8 \ldots = 5$
$21 \div \ldots 7 \ldots = 3$	$48 \div \ldots 8 \ldots = 6$
$35 \div \ldots 5 \ldots = 7$	$96 \div \ldots 8 \ldots = 12$

43

DATE:............................

Find the missing division

Fill in the blanks

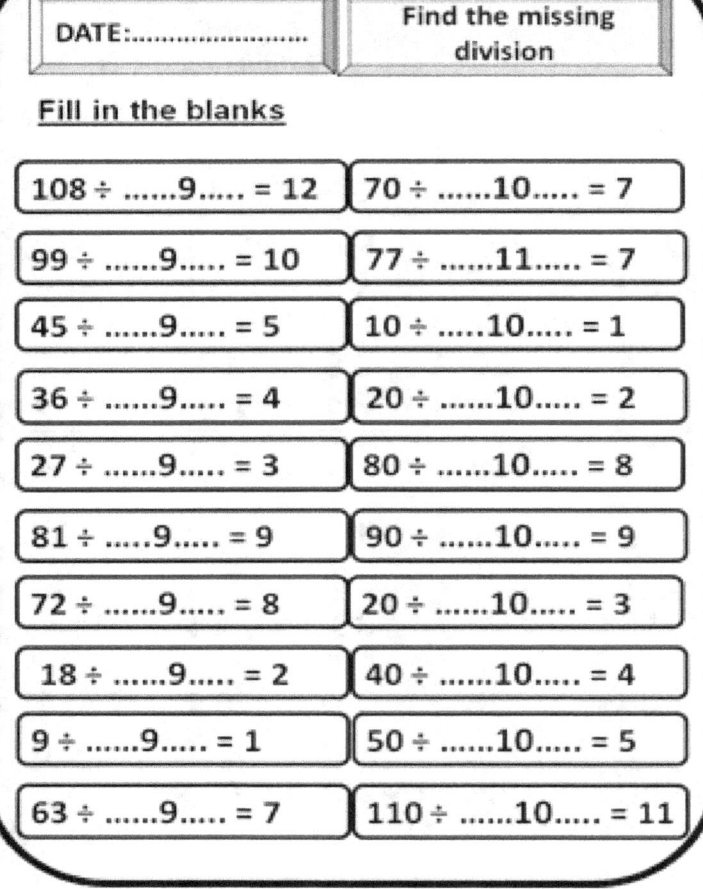

$108 \div \ldots 9 \ldots = 12$	$70 \div \ldots 10 \ldots = 7$
$99 \div \ldots 9 \ldots = 10$	$77 \div \ldots 11 \ldots = 7$
$45 \div \ldots 9 \ldots = 5$	$10 \div \ldots 10 \ldots = 1$
$36 \div \ldots 9 \ldots = 4$	$20 \div \ldots 10 \ldots = 2$
$27 \div \ldots 9 \ldots = 3$	$80 \div \ldots 10 \ldots = 8$
$81 \div \ldots 9 \ldots = 9$	$90 \div \ldots 10 \ldots = 9$
$72 \div \ldots 9 \ldots = 8$	$20 \div \ldots 10 \ldots = 3$
$18 \div \ldots 9 \ldots = 2$	$40 \div \ldots 10 \ldots = 4$
$9 \div \ldots 9 \ldots = 1$	$50 \div \ldots 10 \ldots = 5$
$63 \div \ldots 9 \ldots = 7$	$110 \div \ldots 10 \ldots = 11$

44

DATE:............................

Find the missing division

Fill in the blanks

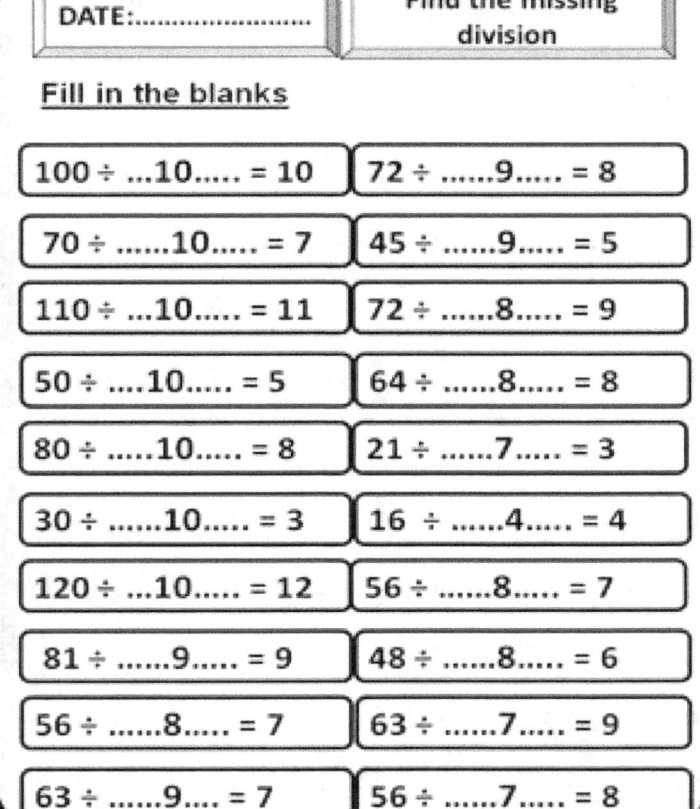

$100 \div \ldots 10 \ldots = 10$	$72 \div \ldots 9 \ldots = 8$
$70 \div \ldots 10 \ldots = 7$	$45 \div \ldots 9 \ldots = 5$
$110 \div \ldots 10 \ldots = 11$	$72 \div \ldots 8 \ldots = 9$
$50 \div \ldots 10 \ldots = 5$	$64 \div \ldots 8 \ldots = 8$
$80 \div \ldots 10 \ldots = 8$	$21 \div \ldots 7 \ldots = 3$
$30 \div \ldots 10 \ldots = 3$	$16 \div \ldots 4 \ldots = 4$
$120 \div \ldots 10 \ldots = 12$	$56 \div \ldots 8 \ldots = 7$
$81 \div \ldots 9 \ldots = 9$	$48 \div \ldots 8 \ldots = 6$
$56 \div \ldots 8 \ldots = 7$	$63 \div \ldots 7 \ldots = 9$
$63 \div \ldots 9 \ldots = 7$	$56 \div \ldots 7 \ldots = 8$

45

DATE:.......................... | **Find the missing division**

Fill in the blanks

132 ÷ ...11..... = 12 | 122 ÷ ......2..... = 61

120 ÷ ...12..... = 10 | 114 ÷ ......6..... = 19

120 ÷ ...10..... = 12 | 69 ÷ ......3..... = 23

110 ÷ ....11..... = 10 | 288 ÷ ......16..... = 18

144 ÷ ....12..... = 12 | 136 ÷ ......8..... = 17

84 ÷ ......12..... = 7 | 51 ÷ ......3..... = 17

96 ÷ ....12..... = 8 | 168 ÷ ......12..... = 14

108 ÷ ...9..... = 12 | 240 ÷ ......16..... = 15

145 ÷ ......5..... = 29 | 140 ÷ ...14..... = 14

174 ÷ ......29..... = 6 | 48 ÷ ......6..... = 8

46

DATE:.......................... | **Find the missing division**

Fill in the blanks

171 ÷ ......9..... = 19 | 153 ÷ ....17..... = 9

260 ÷ ...26..... = 10 | 102 ÷ ....6..... = 17

98 ÷ ......7..... = 14 | 144 ÷ ....18..... = 8

90 ÷ ......6..... = 15 | 128 ÷ ....16..... = 8

210 ÷ ...14..... = 15 | 64 ÷ ....16..... = 4

224 ÷ ...14..... = 16 | 252 ÷ ....18..... = 14

204 ÷ ....17..... = 12 | 209 ÷ ...11..... = 19

240 ÷ ....15..... = 16 | 104 ÷ ....13..... = 8

54 ÷ ....3..... = 18 | 156 ÷ ....12..... = 13

85 ÷ ......5..... = 17 | 143 ÷ ....13..... = 11

47

DATE:.......................... | **Find the missing division**

Fill in the blanks

192 ÷ ....12..... = 16 | 60 ÷ ....10..... = 6

126 ÷ ....18..... = 7 | 144 ÷ ...8..... = 18

152 ÷ ....19..... = 8 | 361 ÷ ...19..... = 19

117 ÷ ....9..... = 13 | 187 ÷ ...17..... = 11

64 ÷ ....4..... = 16 | 360 ÷ ...20..... = 18

99 ÷ ......9..... = 11 | 247 ÷ ....19..... = 13

130 ÷ ...13..... = 10 | 221 ÷ ...17..... = 13

221 ÷ ....13..... = 17 | 36 ÷ .....4..... = 9

84 ÷ .....12..... = 7 | 65 ÷ ....5..... = 13

192 ÷ ...16..... = 12 | 288 ÷ ...18..... = 16

48

DATE:.......................... | **Multiplication (2 digits x 1 digits)**

Multiply

15	45	30	17	10
x 2	x 1	x 2	x 3	x 2
30	45	60	51	20
35	26	19	18	11
x 2	x 5	x 2	x 9	x 2
70	130	38	121	22
15	13	11	12	57
x 1	x 0	x 3	x 2	x 2
15	0	33	24	114
44	28	20	65	77
x 2	x 2	x 2	x 9	x 0
88	56	40	585	0

DATE:.....................

Multiplication
(2 digits x 1 digits)

Multiply

34 x 5 = 170	93 x 3 =	56 x 7 =	47 x 2 =	10 x 2 =
20 x 2 = 40	69 x 9 = 621	66 x 2 = 132	61 x 6 = 366	31 x 3 = 93
98 x 7 = 686	38 x 3 = 114	32 x 8 = 256	21 x 7 = 147	78 x 7 = 546
71 x 2 = 172	66 x 6 = 396	27 x 9 = 243	68 x 6 = 408	60 x 6 = 360

50

DATE:.....................

Multiplication
(2 digits x 1 digits)

Multiply

20 x 5 = 100	44 x 9 = 396	90 x 9 = 810	15 x 7 = 105	51 x 6 = 306
89 x 3 = 267	72 x 2 = 144	18 x 4 = 72	29 x 5 = 145	52 x 6 = 312
94 x 7 = 658	67 x 6 = 402	23 x 7 = 224	26 x 5 = 130	58 x 7 = 406
62 x 5 = 310	15 x 3 = 45	77 x 3 = 231	55 x 8 = 440	63 x 8 = 504

DATE:.....................

Multiplication
(2 digits x 1 digits)

Multiply

63 x 2 = 126	81 x 8 = 648	54 x 3 = 162	18 x 9 = 162	11 x 2 = 22
66 x 7 = 462	81 x 5 = 405	36 x 8 = 288	70 x 8 = 560	31 x 7 = 217
39 x 7 = 273	34 x 4 =	67 x 5 =	87 x 5 =	39 x 4 =
60 x 3 = 180	91 x 6 = 546	95 x 6 = 570	23 x 7 = 161	53 x 8 = 424

DATE:.....................

Multiplication
(2 digits x 1 digits)

Multiply

18 x 8 = 144	12 x 2 = 24	63 x 4 = 252	62 x 5 = 310	35 x 8 = 280
76 x 6 = 456	61 x 2 = 122	24 x 5 = 120	77 x 9 = 693	81 x 3 = 243
37 x 9 = 333	51 x 7 = 357	22 x 8 = 176	47 x 9 = 423	97 x 9 = 873
32 x 8 = 256	88 x 4 = 352	84 x 6 = 505	25 x 8 = 200	34 x 4 = 136

53

DATE:...................

Multiplication
(2 digits x 1 digits)

Multiply

77	88	64	37	84
x 9	x 4	x 2	x 6	x 6
693	352	128	222	504
72	32	34	37	72
x 2	x 8	x 3	x 5	x 6
144	256	102	185	432
39	18	87	43	49
x 3	x 9	x 4	x 9	x 8
117	162	348	387	392
58	96	68	94	67
x 8	x 3	x 9	x 7	x 3
464	288	612	658	392

54

DATE:...................

Multiplication
(2 digits x 1 digits)

Multiply

78	95	56	21	52
x 6	x 8	x 9	x 2	x 4
468	760	504	48	208
43	81	42	42	52
x 3	x 5	x 2	x 5	x 3
129	405	84	210	156
71	66	96	64	53
x 4	x 5	x 4	x 3	x 2
284	330	384	192	106
84	95	37	73	35
x 2	x 3	x 4	x 5	x 3
168	285	148	365	105

55

DATE:...................

Multiplication
(2 digits x 1 digits)

Multiply

12	25	17	30	23
x 9	x 6	x 2	x 2	x 5
108	150	34	60	115
10	24	11	19	26
x 6	x 2	x 4	x 4	x 3
60	48	44	76	78
24	22	33	27	29
x 4	x 5	x 4	x 7	x 2
96	110	132	189	58
44	37	34	54	53
x 2	x 3	x 4	x 6	x 3
88	111	136	324	159

56

DATE:...................

Multiplication
(2 digits x 1 digits)

Multiply

43	26	73	43	67
x 5	x 4	x 3	x 4	x 5
215	104	219	172	335
90	29	45	19	34
x 2	x 5	x 7	x 6	x 8
180	145	105	114	272
64	18	59	47	39
x 4	x 9	x 2	x 6	x 3
256	162	118	282	117
76	45	55	92	48
x 2	x 3	x 3	x 5	x 2
152	135	165	460	96

57

DATE:........................

Multiplication (2 digits x 1 digits)

Multiply

91	83	38	74	67
x 3	x 5	x 7	x 6	x 5
273	415	266	444	335

93	28	47	19	78
x 2	x 5	x 2	x 9	x 4
186	140	94	171	312

56	32	58	57	38
x 9	x 6	x 3	x 4	x 7
504	192	174	228	266

67	89	77	93	45
x 3	x 1	x 3	x 5	x 3
201	89	231	465	135

58

DATE:........................

Multiplication (2 digits x 1 digits)

Multiply

94	85	39	78	65
x 2	x 4	x 6	x 4	x 3
188	340	234	312	195

41	29	46	85	94
x 7	x 5	x 7	x 4	x 3
287	145	322	340	282

26	39	69	59	51
x 6	x 5	x 3	x 3	x 7
156	195	207	177	357

61	84	71	95	49
x 3	x 2	x 3	x 3	x 3
183	168	213	285	147

59

DATE:........................

Multiplication (2 digits x 1 digits)

Multiply

49	58	93	87	56
x 2	x 4	x 6	x 4	x 3
98	232	558	348	168

14	92	64	37	49
x 7	x 5	x 7	x 4	x 3
98	460	448	148	147

62	93	96	95	15
x 6	x 5	x 3	x 3	x 7
372	465	288	285	105

16	48	17	59	94
x 3	x 2	x 3	x 3	x 3
48	96	51	177	282

60

DATE:........................

Multiplication (3 digits X 2 digits)

Multiply

134	145	350	317	160
x12	x51	x22	x13	x12
1608	7395	7700	4121	1920

325	226	419	168	121
x29	x35	x22	x39	x42
9425	7910	9212	6552	5082

715	153	411	812	857
x11	x50	x13	x10	x11
7865	7650	5343	8120	9427

144	278	230	525	747
x23	x22	x42	x19	x10
3312	6116	9660	9975	7470

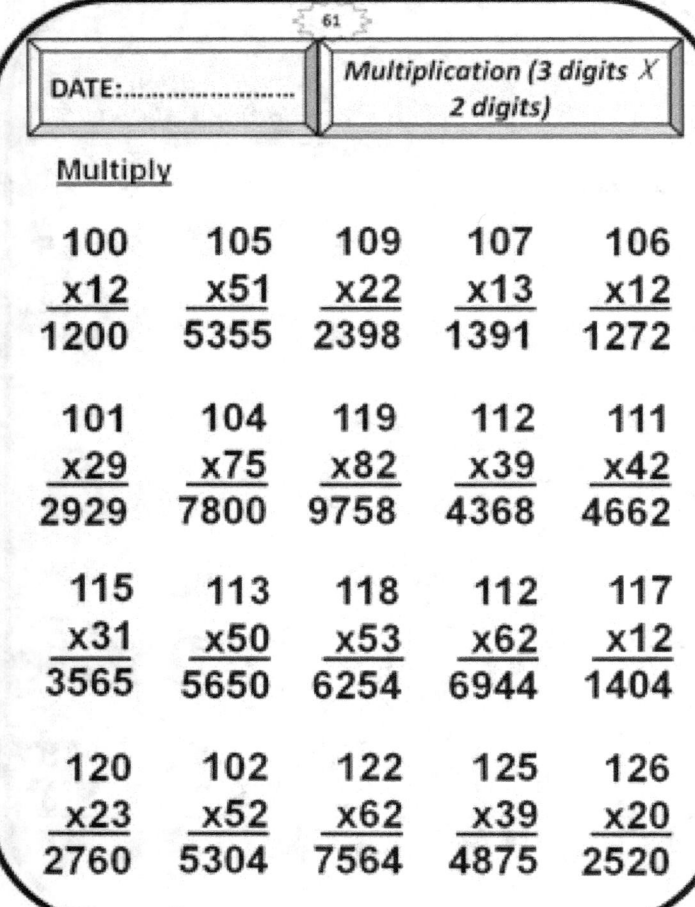

61

DATE:........................ **Multiplication (3 digits X 2 digits)**

Multiply

100	105	109	107	106
x12	x51	x22	x13	x12
1200	5355	2398	1391	1272
101	104	119	112	111
x29	x75	x82	x39	x42
2929	7800	9758	4368	4662
115	113	118	112	117
x31	x50	x53	x62	x12
3565	5650	6254	6944	1404
120	102	122	125	126
x23	x52	x62	x39	x20
2760	5304	7564	4875	2520

62

DATE:........................ **Multiplication (3 digits X 2 digits)**

Multiply

130	135	139	137	136
x11	x21	x12	x13	x19
1430	2835	1668	1781	2584
131	134	129	122	131
x16	x16	x14	x18	x17
2096	2144	1806	2196	2227
145	153	158	142	147
x22	x20	x23	x28	x23
3190	4896	3635	3976	3381
130	152	132	155	156
x23	x32	x12	x19	x10
2990	4864	1584	2945	1560

63

DATE:........................ **Multiplication (3 digits X 2 digits)**

Multiply

130	105	109	107	106
x12	x51	x22	x33	x12
1560	5355	2398	3531	1272
101	104	119	112	111
x29	x75	x82	x39	x42
2929	5200	9758	4368	4662
115	113	118	112	117
x31	x50	x53	x62	x32
3565	5650	6254	6944	3744
120	102	122	125	126
x23	x52	x62	x39	x20
2760	5304	7564	4875	2520

64

DATE:........................ **Multiplication (3 digits X 2 digits)**

Multiply

104	105	300	307	100
x12	x51	x22	x13	x12
1248	5355	6600	3991	1200
305	206	409	108	101
x29	x35	x12	x39	x42
8845	7210	4908	4212	4242
405	103	401	802	807
x13	x50	x23	x12	x12
5265	5150	9223	9624	9624
704	278	200	605	707
x23	x32	x42	x16	x10
9152	8896	8400	9680	7070

DATE:...........................

Multiplication (3 digits X 2 digits)

Multiply

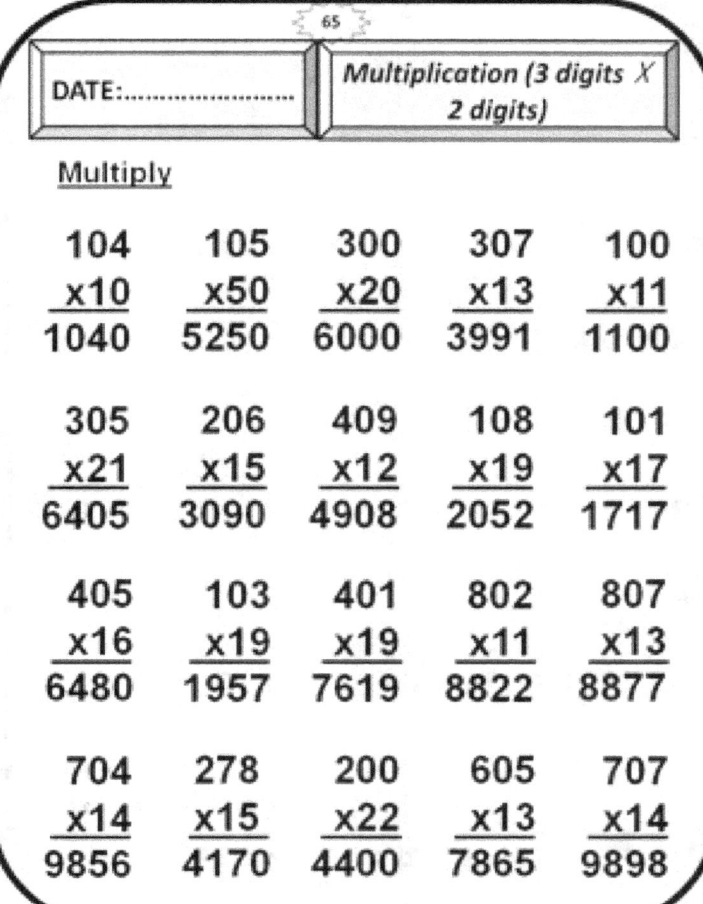

104	105	300	307	100
x10	x50	x20	x13	x11
1040	5250	6000	3991	1100
305	206	409	108	101
x21	x15	x12	x19	x17
6405	3090	4908	2052	1717
405	103	401	802	807
x16	x19	x19	x11	x13
6480	1957	7619	8822	8877
704	278	200	605	707
x14	x15	x22	x13	x14
9856	4170	4400	7865	9898

DATE:...........................

Multiplication (3 digits X 2 digits)

Multiply

110	111	116	118	115
x10	x50	x20	x13	x11
1100	5550	2320	1534	1265
119	112	114	113	117
x21	x15	x12	x19	x17
2499	1680	1368	2147	1989
120	123	127	122	126
x16	x19	x19	x18	x13
1920	2337	2413	2196	1638
125	128	121	129	124
x14	x15	x22	x23	x24
1750	1920	2662	2967	2976

DATE:...........................

Multiplication (3 digits X 2 digits)

Multiply

510	511	516	518	515
x10	x17	x10	x13	x11
5100	8687	5160	6734	5665
519	512	514	513	517
x13	x15	x12	x19	x17
6747	7680	6168	9747	8789
520	523	527	522	526
x16	x19	x18	x18	x13
8320	9937	9486	9396	6838
525	328	321	329	324
x14	x15	x22	x23	x24
7350	4920	7062	7567	7776

DATE:...........................

Multiplication (3 digits X 2 digits)

Multiply

210	211	216	218	215
x21	x25	x20	x23	x26
4410	5275	4320	5014	5590
219	212	214	213	217
x28	x27	x29	x22	x24
6132	5724	6206	4686	5208
220	223	227	222	226
x34	x37	x32	x33	x30
7480	8251	7264	7326	6780
225	228	221	229	224
x31	x28	x36	x35	x39
6975	6384	7956	8015	8736

DATE:..........................

Multiplication (3 digits X 2 digits)

Multiply

240	241	246	248	245
x11	x15	x10	x13	x16
2640	3615	2460	3224	3920
259	242	244	243	247
x18	x17	x19	x12	x14
4662	4114	4636	2916	3458
250	243	247	242	246
x31	x32	x31	x13	x10
7750	7776	7657	3146	2460
245	248	241	249	244
x21	x21	x37	x30	x33
5145	5208	8917	7470	8052

DATE:..........................

Multiplication (3 digits X 2 digits)

Multiply

120	121	126	128	125
x21	x25	x20	x23	x26
2520	3025	2520	2944	3250
129	122	124	123	127
x28	x27	x29	x22	x24
3612	3294	3596	2706	3048
130	133	137	132	136
x34	x37	x32	x33	x30
4420	4921	4384	4356	4080
135	138	131	139	134
x31	x38	x36	x35	x39
4185	5244	4716	4865	5226

DATE:..........................

Multiplication (3 digits X 2 digits)

Multiply

320	321	326	328	325
x11	x15	x10	x13	x16
3520	4815	3260	4238	5200
329	322	324	323	327
x18	x17	x19	x12	x14
5922	5474	6156	3876	4578
330	333	337	332	336
x14	x17	x12	x13	x10
4620	5661	4044	4316	3360
335	338	331	339	334
x11	x18	x16	x15	x19
3685	6084	5296	5085	6346

DATE:..........................

Multiplication (3 digits X 2 digits)

Multiply

420	421	426	428	425
x11	x15	x10	x13	x16
4620	6315	4260	5564	6800
429	422	424	423	427
x18	x17	x19	x12	x14
7722	7174	8056	5076	5978
430	433	437	432	436
x14	x17	x12	x13	x10
6020	7361	5244	5616	4360
435	438	431	439	434
x11	x18	x16	x15	x19
4785	7884	6896	6585	8246

73

DATE:......................	Multiplication (3 digits X 2 digits)

Multiply

120	121	126	128	125
x21	x25	x20	x23	x26
2520	3025	2520	2944	3250

129	122	124	123	127
x28	x27	x29	x22	x24
3612	3294	3596	2706	3048

130	133	137	132	136
x34	x37	x32	x33	x30
4420	4921	4384	4356	4080

135	138	131	139	134
x31	x38	x36	x35	x39
4185	5244	4716	4865	5226

74

DATE:......................	Division (3digits / 1 digit)

Division

$135 \div 5 = ...27....$ $430 \div 2 = ...215.....$

$115 \div 1 = ...115.....$ $110 \div 5 = ...22.....$

$120 \div 5 = ...24.....$ $222 \div 3 = ...74.....$

$215 \div 5 = ...43.....$ $300 \div 4 = ...75.....$

$150 \div 5 = ...30.....$ $228 \div 6 = ...38.....$

$198 \div 9 = ...22.....$ $148 \div 2 = ...74.....$

$145 \div 5 = ...29.....$ $190 \div 5 = ...38.....$

$182 \div 7 = ...26.....$ $166 \div 2 = ...83.....$

$100 \div 4 = ...25.....$ $136 \div 8 = ...17.....$

$140 \div 7 = ...20.....$ $488 \div 4 = ...122.....$

75

DATE:......................	Division (3digits / 1 digit)

Division

$366 \div 3 = ...122.....$ $468 \div 6 = ...78.....$

$405 \div 9 = ...45.....$ $546 \div 7 = ...78.....$

$208 \div 8 = ...26.....$ $472 \div 2 = ...236.....$

$216 \div 8 = ...27.....$ $388 \div 4 = ...97.....$

$468 \div 9 = ...52.....$ $522 \div 6 = ...87.....$

$224 \div 2 = ...112.....$ $540 \div 2 = ...270.....$

$168 \div 3 = ...56.....$ $324 \div 3 = ...108.....$

$140 \div 5 = ...28.....$ $232 \div 4 = ...58.....$

$344 \div 4 = ...86.....$ $512 \div 8 = ...64.....$

$207 \div 3 = ...69.....$ $192 \div 8 = ...24.....$

76

DATE:......................	Division (3digits / 1 digit)

Division

$267 \div 3 = ...89.....$ $258 \div 6 = ...43.....$

$414 \div 9 = ...46.....$ $322 \div 7 = ...46.....$

$600 \div 8 = ...75.....$ $158 \div 2 = ...79.....$

$208 \div 8 = ...26.....$ $268 \div 4 = ...67.....$

$387 \div 9 = ...43.....$ $222 \div 6 = ...37.....$

$156 \div 2 = ...78.....$ $196 \div 2 = ...98.....$

$237 \div 3 = ...79.....$ $261 \div 3 = ...87.....$

$395 \div 5 = ...79.....$ $148 \div 4 = ...37.....$

$272 \div 4 = ...68.....$ $368 \div 8 = ...46.....$

$102 \div 3 = ...34.....$ $128 \div 8 = ...16.....$

DATE:..........................

Division (3digits / 1 digit)

Division

204 ÷ 3 = ...68......	234 ÷ 6 = ...39......
315 ÷ 9 = ...35......	266 ÷ 7 = ...38......
368 ÷ 8 = ...46......	112 ÷ 2 = ...56......
152 ÷ 8 = ...19......	368 ÷ 4 = ...92......
306 ÷ 9 = ...34......	438 ÷ 6 = ...73......
188 ÷ 2 = ...94......	194 ÷ 2 = ...97......
294 ÷ 3 = ...98......	261 ÷ 3 = ...87......
480 ÷ 5 = ...96......	260 ÷ 4 = ...65......
246 ÷ 6 = ...41......	392 ÷ 8 = ...49......
189 ÷ 3 = ...63......	568 ÷ 8 = ...71......

DATE:..........................

Division (3digits / 1 digit)

Division

261 ÷ 3 = ...87......	432 ÷ 6 = ...72......
171 ÷ 9 = ...19......	406 ÷ 7 = ...58......
144 ÷ 8 = ...18......	188 ÷ 2 = ...94......
224 ÷ 8 = ...28......	164 ÷ 4 = ...41......
261 ÷ 9 = ...29......	438 ÷ 6 = ...73......
146 ÷ 2 = ...73......	174 ÷ 2 = ...87......
294 ÷ 3 = ...98......	183 ÷ 3 = ...61......
345 ÷ 5 = ...69......	248 ÷ 4 = ...62......
272 ÷ 4 = ...68......	216 ÷ 8 = ...27......
162 ÷ 3 = ...54......	104 ÷ 8 = ...13......

DATE:..........................

Division (3digits / 1 digit)

Division

141 ÷ 3 = ...47......	222 ÷ 6 = ...37......
378 ÷ 9 = ...42......	315 ÷ 7 = ...45......
272 ÷ 8 = ...34......	186 ÷ 2 = ...93......
584 ÷ 8 = ...73......	252 ÷ 4 = ...62......
369 ÷ 9 = ...41......	444 ÷ 6 = ...74......
184 ÷ 2 = ...92......	106 ÷ 2 = ...53......
168 ÷ 3 = ...56......	126 ÷ 3 = ...42......
210 ÷ 5 = ...42......	244 ÷ 4 = ...61......
152 ÷ 4 = ...38......	248 ÷ 8 = ...31......
288 ÷ 3 = ...96......	336 ÷ 8 = ...42......

DATE:..........................

Division (3digits / 1 digit)

Division

273 ÷ 3 = ...91......	192 ÷ 6 = ...32......
189 ÷ 9 = ...22......	574 ÷ 7 = ...82......
210 ÷ 5 = ...42......	124 ÷ 2 = ...62......
376 ÷ 8 = ...47......	212 ÷ 4 = ...53......
225 ÷ 9 = ...25......	216 ÷ 6 = ...36......
166 ÷ 2 = ...83......	170 ÷ 2 = ...85......
255 ÷ 3 = ...85......	138 ÷ 3 = ...46......
170 ÷ 5 = ...34......	296 ÷ 4 = ...74......
248 ÷ 4 = ...62......	576 ÷ 8 = ...72......
144 ÷ 3 = ...48......	592 ÷ 8 = ...74......

81

DATE:..........................

Division (3digits / 1 digit)

Division

291 ÷ 3 = ...97.....	456 ÷ 6 = ...76.....
414 ÷ 9 = ...46.....	217 ÷ 7 = ...31.....
230 ÷ 5 = ...46.....	190 ÷ 2 = ...95.....
584 ÷ 8 = ...73.....	376 ÷ 4 = ...94.....
468 ÷ 9 = ...52.....	456 ÷ 6 = ...76.....
186 ÷ 2 = ...92.....	158 ÷ 2 = ...79.....
246 ÷ 3 = ...82.....	249 ÷ 3 = ...83.....
415 ÷ 5 = ...83.....	152 ÷ 4 = ...38.....
148 ÷ 4 = ...37.....	312 ÷ 8 = ...39.....
147 ÷ 3 = ...49.....	344 ÷ 8 = ...43.....

82

DATE:..........................

Division (3digits / 1 digit)

Division

117 ÷ 3 = ...39.....	198 ÷ 6 = ...33.....
288 ÷ 9 = ...32.....	385 ÷ 7 = ...55.....
480 ÷ 5 = ...96.....	176 ÷ 2 = ...88.....
464 ÷ 8 = ...58.....	264 ÷ 4 = ...66.....
801 ÷ 9 = ...89.....	462 ÷ 6 = ...77.....
198 ÷ 2 = ...99.....	134 ÷ 2 = ...67.....
264 ÷ 3 = ...88.....	204 ÷ 3 = ...68.....
385 ÷ 5 = ...77.....	284 ÷ 4 = ...71.....
352 ÷ 4 = ...88.....	264 ÷ 8 = ...33.....
132 ÷ 3 = ...44.....	352 ÷ 8 = ...44.....

83

DATE:..........................

Division (3digits / 1 digit)

Division

141 ÷ 3 = ...47.....	258 ÷ 6 = ...43.....
891 ÷ 9 = ...99.....	392 ÷ 7 = ...56.....
330 ÷ 5 = ...66.....	138 ÷ 2 = ...69.....
256 ÷ 8 = ...32.....	248 ÷ 4 = ...62.....
387 ÷ 9 = ...43.....	438 ÷ 6 = ...73.....
126 ÷ 2 = ...63.....	182 ÷ 2 = ...91.....
192 ÷ 3 = ...64.....	192 ÷ 3 = ...64.....
456 ÷ 6 = ...76.....	248 ÷ 4 = ...62.....
212 ÷ 4 = ...53.....	392 ÷ 8 = ...49.....
195 ÷ 3 = ...65.....	744 ÷ 8 = ...93.....

84

DATE:..........................

Division (3digits / 1 digit)

Division

186 ÷ 3 = ...62.....	108 ÷ 6 = ...18.....
207 ÷ 9 = ...23.....	126 ÷ 7 = ...18.....
105 ÷ 5 = ...21.....	168 ÷ 2 = ...84.....
104 ÷ 8 = ...13.....	288 ÷ 4 = ...72.....
135 ÷ 9 = ...15.....	252 ÷ 6 = ...42.....
188 ÷ 2 = ...94.....	146 ÷ 2 = ...73.....
141 ÷ 3 = ...47.....	183 ÷ 3 = ...61.....
145 ÷ 5 = ...29.....	148 ÷ 4 = ...37.....
112 ÷ 4 = ...28.....	128 ÷ 8 = ...16.....
102 ÷ 3 = ...34.....	136 ÷ 8 = ...17.....

85

DATE:........................

Division (4digits / 2 digit)

Division

1235 ÷ 19 = ...65.....	4323 ÷ 33 = ...131...
2115 ÷ 15 = ...141...	1100 ÷ 20 = ...55....
3420 ÷ 45 = ...76...	2222 ÷ 22 = ...101...
4215 ÷ 15 = ...281...	3100 ÷ 50 = ...62....
1520 ÷ 19 = ...80.....	1220 ÷ 61 = ...20....
6298 ÷ 94 = ...67.....	1340 ÷ 20 = ...67....
1445 ÷ 17 = ...85.....	1890 ÷ 27 = ...70....
1824 ÷ 19 = ...96.....	1666 ÷ 17 = ...98....
1000 ÷ 10 = ...100...	1335 ÷ 15 = ...89.....
1400 ÷ 14 = ...100...	4488 ÷ 17 = ...264...

86

DATE:........................

Division (4digits / 2 digit)

Division

1334 ÷ 29 = ...46.....	1568 ÷ 32 = ...49.....
1140 ÷ 15 = ...76.....	1580 ÷ 20 = ...79.....
1008 ÷ 42 = ...24.....	1408 ÷ 22 = ...64.....
1190 ÷ 35 = ...34.....	1450 ÷ 50 = ...29.....
1520 ÷ 40 = ...38.....	1242 ÷ 27 = ...46.....
1296 ÷ 24 = ...54.....	1058 ÷ 23 = ...46.....
1088 ÷ 17 = ...64.....	1156 ÷ 34 = ...34.....
1273 ÷ 19 = ...67.....	1288 ÷ 28 = ...46.....
1067 ÷ 11 = ...97.....	1026 ÷ 18 = ...57.....
1330 ÷ 14 = ...95.....	1150 ÷ 25 = ...46.....

87

DATE:........................

Division (4digits / 2 digit)

Division

1363 ÷ 29 = ...47.....	1376 ÷ 32 = ...43.....
1095 ÷ 15 = ...73.....	1500 ÷ 20 = ...75.....
1512 ÷ 42 = ...36.....	1012 ÷ 22 = ...46.....
1610 ÷ 35 = ...46.....	1100 ÷ 50 = ...22.....
1677 ÷ 39 = ...43.....	1863 ÷ 27 = ...69.....
1728 ÷ 24 = ...72.....	1104 ÷ 23 = ...48.....
1003 ÷ 17 = ...59.....	1564 ÷ 34 = ...46....
1083 ÷ 19 = ...57.....	1232 ÷ 28 = ...44.....
1034 ÷ 11 = ...94.....	1368 ÷ 18 = ...76.....
1204 ÷ 14 = ...85.....	1075 ÷ 25 = ...43.....

88

DATE:........................

Division (4digits / 2 digit)

Division

2349 ÷ 29 = ...81.....	1536 ÷ 32 = ...48.....
1020 ÷ 15 = ...68.....	1180 ÷ 20 = ...59.....
2898 ÷ 42 = ...69.....	1034 ÷ 22 = ...47.....
1610 ÷ 35 = ...46.....	1150 ÷ 50 = ...23.....
1794 ÷ 39 = ...46.....	1242 ÷ 27 = ...46.....
1728 ÷ 24 = ...72.....	1564 ÷ 23 = ...68.....
1666 ÷ 17 = ...98.....	1564 ÷ 34 = ...46....
1444 ÷ 19 = ...76.....	1372 ÷ 28 = ...49.....
1045 ÷ 11 = ...95.....	1404 ÷ 18 = ...78.....
1022 ÷ 14 = ...73.....	1225 ÷ 25 = ...49.....